U0298592

中华人民共和国行业标准

通用机场选址技术指南

Technical guidance for site selection of general aviation aerodrome

MH/T 5065—2023

主编单位：中国民用航空江苏安全监督管理局

批准部门：中国民用航空局

施行日期：2023 年 7 月 1 日

中国民航出版社有限公司

2023 北 京

图书在版编目（CIP）数据

通用机场选址技术指南/中国民用航空江苏安全监督管理局主编．—北京：中国民航出版社有限公司，2023.7
ISBN 978-7-5128-1235-2

Ⅰ．①通… Ⅱ．①中… Ⅲ．①机场–选址–中国–指南 Ⅳ．①V351-62

中国国家版本馆 CIP 数据核字（2023）第 130633 号

中华人民共和国行业标准
通用机场选址技术指南
MH/T 5065—2023
中国民用航空江苏安全监督管理局　主编

责任编辑	韩景峰	
出　　版	中国民航出版社有限公司　（010）64279457	
地　　址	北京市朝阳区光熙门北里甲 31 号楼（100028）	
排　　版	中国民航出版社有限公司录排室	
印　　刷	北京金吉士印刷有限责任公司	
发　　行	中国民航出版社有限公司　（010）64297307　64290477	
开　　本	880×1230　1/16	
印　　张	6	
字　　数	173 千字	
版 印 次	2023 年 7 月第 1 版　2023 年 7 月第 1 次印刷	

书　　号	ISBN 978-7-5128-1235-2	
定　　价	58.00 元	

官方微博　http://weibo.com/phcaac
淘宝网店　https://shop142257812.taobao.com
电子邮箱　phcaac@sina.com

中国民用航空局

公告

2023 年第 12 号

中国民用航空局关于发布
《通用机场选址技术指南》的公告

现发布《通用机场选址技术指南 第 1 部分：跑道型机场》（MH/T 5065.1—2023）、《通用机场选址技术指南 第 2 部分：直升机场》（MH/T 5065.2—2023）、《通用机场选址技术指南 第 3 部分：水上机场》（MH/T 5065.3—2023），自 2023 年 7 月 1 日起施行。

本标准由中国民用航空局机场司负责管理和解释，由中国民航出版社出版发行。

中国民用航空局

2023 年 6 月 20 日

目　次

第 1 部分：跑道型机场

前言

1　总则 ………………………………………………………………………………… **5**

2　术语和缩略语 ……………………………………………………………………… **6**

　2.1　术语 …………………………………………………………………………… 6

　2.2　缩略语 ………………………………………………………………………… 6

3　建设永久性设施的跑道型机场选址 ……………………………………………… **7**

　3.1　选址基本要求 ………………………………………………………………… 7

　3.2　选址工作流程 ………………………………………………………………… 8

　3.3　机场功能定位与建设规模 …………………………………………………… 9

　3.4　场址初选 ……………………………………………………………………… 10

　3.5　预选或推荐场址分析 ………………………………………………………… 12

　3.6　航行研究 ……………………………………………………………………… 14

　3.7　场址比选 ……………………………………………………………………… 15

　3.8　编制场址报告 ………………………………………………………………… 15

4　建设非永久性设施的跑道型机场选址 …………………………………………… **20**

　4.1　选址基本要求 ………………………………………………………………… 20

　4.2　选址工作流程 ………………………………………………………………… 20

　4.3　机场功能定位与建设规模 …………………………………………………… 20

　4.4　现场踏勘 ……………………………………………………………………… 21

　4.5　场址分析 ……………………………………………………………………… 22

　4.6　编制场址报告 ………………………………………………………………… 23

附录 A　气象资料统计用表 ………………………………………………………… **25**

附录 B　预选场址比选 ……………………………………………………………… **27**

附录 C　跑道型机场航空资料表（选址阶段） …………………………………… **29**

标准用词说明 ··· 31

引用标准名录 ··· 32

第 2 部分：直升机场

前言

1 总则 ·· 37

2 术语和缩略语 ·· 38

  2.1 术语 ·· 38

  2.2 缩略语 ··· 38

3 建设永久性设施的表面直升机场选址 ··· 40

  3.1 选址基本要求 ··· 40

  3.2 选址工作流程 ··· 41

  3.3 机场功能定位与建设规模 ··· 41

  3.4 场址初选 ·· 43

  3.5 推荐场址分析 ··· 44

  3.6 航行研究 ·· 46

  3.7 编制场址报告 ··· 47

4 建设非永久性设施的表面直升机场选址 ······································ 50

  4.1 选址基本要求 ··· 50

  4.2 选址工作流程 ··· 50

  4.3 机场功能定位与建设规模 ··· 50

  4.4 现场踏勘 ·· 51

  4.5 编制场址报告 ··· 52

5 高架直升机场选址 ··· 53

  5.1 场址基本要求 ··· 53

  5.2 选址工作流程 ··· 53

  5.3 方案设计 ·· 53

  5.4 现场踏勘 ·· 53

  5.5 编制场址报告 ··· 54

附录 A　气象资料统计用表 ·· 55

附录 **B**　直升机场航空资料表（选址阶段）······················· **57**

标准用词说明 ·· **59**

引用标准名录 ·· **60**

第3部分：水上机场

前言

1　总则 ·· **65**

2　术语 ·· **66**

3　选址基本要求 ·· **67**

4　选址工作流程 ·· **69**

5　机场功能定位与建设规模 ···································· **70**

6　现场踏勘 ·· **72**

7　场址分析 ·· **73**

8　航行研究 ·· **76**

9　编制场址报告 ·· **77**

附录 **A**　气象资料统计用表 ······································ **79**

附录 **B**　水上机场航空资料表（选址阶段）······················· **81**

标准用词说明 ·· **83**

引用标准名录 ·· **84**

通用机场选址技术指南
第1部分：跑道型机场

Technical guidance for site selection of general aviation aerodrome—
Part 1：Runway-type aerodrome

MH/T 5065.1—2023

主编单位：中国民用航空江苏安全监督管理局

批准部门：中国民用航空局

施行日期：2023 年 7 月 1 日

前　言

　　随着通用航空"放管服"改革的推进，我国通用机场迎来了快速发展新时期，各地掀起通用机场建设热潮。通用机场服务领域广泛，分类复杂，建设规模差异大，选址缺少相应规范标准，目前普遍参照运输机场的标准执行，导致有些类别通用机场选址程序复杂，建设周期长，建设要求偏高，在一定程度上制约了通用机场的发展。为促进通用航空高质量发展，推进民航治理体系和治理能力现代化，中国民用航空局制定了通用航空法规体系重构路线图，通用机场建设和运行标准是该体系的重要组成部分。为加强对通用机场选址工作的指导，中国民用航空局机场司委托中国民用航空江苏安全监督管理局编制了《通用机场选址技术指南》。该指南是通用机场建设和运行标准体系的重要组成部分，可为地方政府相关职能部门、通用机场建设者、民航设计咨询人员以及民航监察员提供技术支持、指导和帮助。

　　在编制过程中，编写组研究了国内外相关技术文件，实地调研了民航管理部门、战区空军、地方政府相关职能部门、民航设计院、通航运营人和通用机场等，在分析通用机场选址问题和总结相关经验的基础上，编制完成本指南。因所使用的航空器种类不同，所对应的通用机场选址要求差异较大，为此，将本指南分为"第1部分：跑道型机场""第2部分：直升机场"和"第3部分：水上机场"三个部分。

　　本部分适用于跑道型通用机场选址。跑道型机场可根据需要建设永久性设施或非永久性设施。建设永久性设施的跑道型机场通常列入地方政府通用机场布局规划或申请本场固定使用空域；建设非永久性设施的跑道型机场通常利用或改造现有设施，或建设简易临时性设施（如草皮、泥结碎石、压实土等跑道，简易木屋、彩钢板房、集装箱板房、帐篷等），通常申请临时使用空域。结合跑道型通用机场的实际建设情况，本部分主要内容包括：总则、术语和缩略语、建设永久性设施的跑道型机场选址、建设非永久性设施的跑道型机场选址及附录。

　　本指南第1章由章亚军编写，第2章由贺雷编写，第3章由季天剑、孙樊荣和王建国编写，第4章由季天剑、徐杰和郭建忠编写，附录A由孙樊荣和李海元编写，附录 B 由朱晖编写，附录 C 由徐杰编写。

中国民用航空局机场司为本指南管理部门。中国民用航空江苏安全监督管理局为本指南日常管理机构。执行过程中如有意见和建议，请函告中国民用航空江苏安全监督管理局（地址：江苏省南京市雨花台区金兰路 1 号城际空间 A-1 座 15-16 楼；邮编：210000；电话：025-52651589；电子信箱：jsjcc@ caac. gov. cn），以便修订时参考。

主编单位：中国民用航空江苏安全监督管理局
主　　编：章亚军　贺　雷
参编人员：季天剑　孙樊荣　朱　晖　徐　杰　王建国　郭建忠　李海元
主　　审：张　锐　彭爱兰
参审人员：黄品立　石　岗　钟　斌　刘　冰　孙卫宜　唐成涛　蔡祖之
　　　　　姜文渊　伍　丹　刘晓曦

1 总 则

1.0.1 为指导通用机场选址工作，促进通用机场建设，制定本指南。

1.0.2 本指南适用于新建跑道型机场的选址，现有跑道型机场实施新建或扩建跑道的论证可参考本指南。

【条文说明】通用机场按照飞行场地的物理特性分为跑道型机场、直升机场和水上机场。跑道型机场一般指在陆地上可供固定翼飞机起降的机场。

1.0.3 跑道型机场选址应遵循"安全、适用、绿色、经济"的原则。

1.0.4 跑道型机场飞行区指标应按《民用机场飞行区技术标准》（MH 5001）要求确定。

1.0.5 跑道型机场选址除应符合本指南外，尚应符合国家和行业现行有关标准的规定。

2　术语和缩略语

2.1　术语

2.1.1　跑道型机场 runway type aerodrome

一般指在陆地上可供固定翼飞机起降的机场。

2.1.2　跑道可利用率 usability factor of runway

一条跑道或几条跑道组成的跑道系统的使用不受侧风分量限制的时间百分率。

2.1.3　飞机基准飞行场地长度 aeroplane reference field length

在批准的最大起飞质量、海平面、标准大气条件、无风和跑道坡度为零的条件下，飞机起飞所需的最小飞行场地长度。

2.1.4　障碍物 obstacle

位于供航空器地面活动的区域上，或突出于为保护飞行中的航空器而规定的限制面之上，或位于上述规定限制面之外但评定为对空中航行有危险的，固定的（无论是临时的还是永久的）和移动的物体，或是上述物体的一部分。

2.2　缩略语

VOR（VHF Omnidirectional Radio）	甚高频全向信标
DME（Distance Measuring Equipment）	测距仪
ILS（Instrument Landing System）	仪表着陆系统
NDB（Non-directional Radio Beacon）	无方向信标

3 建设永久性设施的跑道型机场选址

3.1 选址基本要求

3.1.1 场址应符合下列要求：

1 符合所在地通用航空相关规划；

2 与所在地国土空间规划及其他规划相协调。

【条文说明】通用航空相关规划通常指经地方政府批准的通用机场布局规划或通用航空发展规划。国土空间规划及其他相关规划通常指经地方政府批准的国土空间规划、城乡建设发展规划、生态环境保护规划，以及场址涉及的其他专项规划。

3.1.2 场址宜与主要服务对象（包括城镇、街道、农场、林区、景区等）距离适中，地面交通便利。

3.1.3 场址应按近期建设和远期发展规划（如有）需求选址，场地条件（包括场地空间和地形地貌等）应符合下列要求：

1 满足拟使用机型安全起降、滑行、停放需求；

2 满足生产和生活保障设施建设需求。

【条文说明】建设永久性设施的机场通常有远期改扩建计划，如机场受场地等条件限制，无远期规划，可按本期规模选址。有关场地条件要求见《民用机场飞行区技术标准》（MH 5001）规定。

3.1.4 跑道方向宜与主导风向一致。跑道方位和条数宜使拟使用飞机的跑道可利用率不低于90%。季节性使用或非全天候使用的机场，宜分析机场拟使用时间段内的利用率。

3.1.5 场址起降方向及空中主要运行区（如训练空域、空中游览线路等）宜避开居民区、学校、医院等噪声敏感区；进离场航线及空中主要运行区宜避开城镇上空。

3.1.6 场址净空条件应满足飞机安全起降要求，尽可能避免或减少净空障碍物处理量。

3.1.7 场址空域条件，应符合下列要求：

1 应避开各类空中禁区和危险区，宜避开各类空中限制区；

2 场址使用空域与周边机场以及其他空域的矛盾可协调解决，运行限制可接受，宜满足下列要求：

　　1）飞行区指标 I 为 1 和 2 的机场，运行矛盾可协调解决，运行限制可接受，其本场使用空域可与周边民用机场仪表飞行的运行空域、军用机场邻接区重叠；

　　2）飞行区指标 I 为 3 和 4 的机场，其本场使用空域不宜与周边民用机场仪表飞行的运行空域、军用机场邻接区重叠。当机场业务单一或作业量小，运行矛盾可协调解决，运行限制可接受时，空域可重叠。

3.1.8 场址应与阵地、靶场等军事设施，核电、大型油库等重要设施，易燃易爆、产生大量烟雾以及电磁干扰等设施设备保持安全距离。

3.1.9 场址宜选择地形地貌简单、土石方工程量少的区域。

3.1.10 场址宜避开采矿陷落区，坝或堤决溃后可能淹没的地区，受海啸或湖涌危害的地区，有泥石流、滑坡、流沙、溶洞以及其他不良工程地质地段。机场宜避开发震断层。

3.1.11 场址应满足生态环境及文物保护要求，宜避开鸟类生态保护区和饮用水水源地保护区，不宜压覆具有开采价值的矿藏区。

3.1.12 有建设民用航空无线电台（站）需求的机场，场址应具备建设台（站）的条件；有仪表运行需求的机场，场址应具备建立仪表飞行程序的条件；有夜航需求的机场，场址应具备建设助航灯光设施的条件。

【条文说明】作为航空飞行培训和应急救援基地的机场通常要考虑民用航空无线电台（站）、仪表运行和夜航的需求。

3.1.13 场址应具备引接道路设施的条件，宜具备供水、排水排污、供电、通信等公用设施的设置或引接条件。

3.1.14 场址应节约用地，减少拆迁量，不占或少占耕地、林地。

3.1.15 工程投资应经济合理。

3.2　选址工作流程

3.2.1 飞行区指标 I 为 1 和 2 的机场选址，选址工作流程包括确定机场功能定位与建设规模、场址初选、场址分析和编制场址报告。如有意向场址或无其他场址可选，选址工作可不进行场址初选，直接对该场址分析论证。

【条文说明】为减少投资决策风险，提高机场利用率，减少运行限制，建议开展多场址比选论证。

3.2.2 飞行区指标 I 为 3 和 4 的机场选址，选址工作流程包括确定机场功能定位与建设规模、场址初选、场址预选、场址比选和编制场址报告。如有意向场址或无其他场址可选，选址工作可不进行场址初选、预选和比选，直接对该场址分析论证。

【条文说明】飞行区指标Ⅰ为3和4的机场，因机场建设规模大、社会经济和环境影响大，投资决策风险大，需要谨慎科学决策，通常开展场址预选和比选工作。

3.2.3 选址工作中，场地条件研究和航行研究应统筹兼顾。

3.3 机场功能定位与建设规模

3.3.1 确定机场功能定位与建设规模阶段的主要工作包括需求调查，分析并确定机场功能定位、设计机型、主要航空业务量指标、跑道长度、运行方式、空域需求，以及机场主要设施的建设规模。

3.3.2 机场功能定位和拟使用机型，宜根据主要服务对象和拟开展的业务确定。

【条文说明】通用机场开展的业务种类主要包括交通运输、社会公共服务、通用航空消费、航空飞行培训和工农林生产作业等。

3.3.3 设计机型和飞行区指标，应根据拟使用机型确定。

【条文说明】跑道型机场的拟使用机型，通常包括固定翼飞机、水陆两用飞机和直升机。设计机型一般选择对飞行场地要求最高的机型，通常选择固定翼飞机、水陆两用飞机作为设计机型，还需兼顾拟使用直升机对跑道和滑行道宽度的需求。

3.3.4 航空业务量预测，宜符合下列要求：

1 近期预测年限宜不小于5年且不大于10年，远期预测年限宜不小于10年且不大于30年。起算年为机场预计建成投用的年份。

2 航空业务量预测指标，宜包括年/月/日起降架次、高峰小时起降架次、最大停场飞机数量等。

3 航空业务量预测方法，可结合自身功能定位选择如下方法：市场分析法、类比法、综合分析判断法、趋势外推法、计量经济模型法、人均航空出行分析法及专家调查法等。

【条文说明】第3款中，开展运输业务的机场，可采用趋势外推法、计量经济模型法、市场分析法、类比法预测年客货吞吐量，并确定客货设施规模；航空飞行培训的机场，可采用市场分析法预测航空飞行培训类业务的飞行时间和起降架次；通用航空消费、工农林生产作业、社会公共服务的机场，可采用类比法、综合分析判断法，通过参照类似通用机场，结合当地社会经济发展状况，预测起降架次和停场航空器数量等指标。

3.3.5 飞行区设施建设规模的确定，宜符合下列要求：

1 跑道长度可根据拟使用机型的飞机性能及机场的功能定位确定。当缺少飞机性能资料时，跑道长度可在飞机基准飞行场地长度的基础上按标高、气温和坡度进行修正。

2 滑行道系统构型可根据设计机型和高峰小时起降架次确定。年起降架次大于 2 万（含）或高峰小时起降架次大于 10（含）的机场及以航空飞行培训类业务为主的机场，宜设置平行滑行道。

3 停机坪和机库建设规模宜根据停场飞机类型、数量及停放方式确定。机库面积宜兼顾飞机维修和停放需求。

【条文说明】飞机机坪停放方式包括自滑进出、滑进推出、推进滑出、推进推出等。

3.3.6 机场生产保障设施和办公生活设施的规模，可根据机场功能定位、用户需求、设计机型和预测的航空业务量等确定。为节约用地，宜合建用房。

【条文说明】生产保障设施包括机库、塔台、航空加油设施（油库、加油车、加油装置等）、候机设施、飞行准备室、场务用房、车库和动力中心等；办公生活设施包括办公用房、食堂、值班宿舍、培训教室、驻场单位用房和仓库等。

3.3.7 根据机场功能定位预测夜航需求，存在夜航需求的机场应建设助航灯光系统。

3.3.8 机场的运行方式可根据机场功能定位确定，通常采用目视飞行程序。下列情况宜考虑建立仪表飞行程序：

1 有仪表飞行培训需求的机场；

2 有全天候运行需求的机场（如作为应急救援基地的机场）；

3 净空复杂且有夜航需求的机场；

4 飞行区指标 I 为 3 和 4 的机场。

3.3.9 飞行区指标 I 为 3 的机场，可建设精密进近跑道；飞行区指标 I 为 4 的机场，宜建设精密进近跑道。

3.3.10 本场使用空域需求可根据机场功能定位、建设规模、拟使用机型和运行方式确定。空域宜符合下列要求：

1 目视运行本场使用空域范围宜不小于半径 5 km，真高 300 m；

2 仪表运行本场使用空域宜不小于 20 km×10 km（单侧），真高 600 m；

3 宜考虑划设训练空域、游览空域和试飞空域等。

3.3.11 近期、远期（如有）机场平面布置方案图可根据机场需求分析确定的建设规模绘制，初步确定机场平面布置和用地规模。

3.4 场址初选

3.4.1 初选阶段的主要工作包括收集资料、图上作业、现场踏勘、初选、场址分析、确定预选或推荐场址。

3.4.2 飞行区指标 I 为 1 和 2 的机场，初选场址数量为 1 个或多个；飞行区指标 I 为 3 和 4 的机场，除有意向场址或无其他场址可选的情况外，初选场址数量宜不少于 3 个。

3.4.3 初选阶段宜收集下列资料：

  ——选址区域地形图；

  ——通用航空相关规划；

  ——区域国土空间规划；

  ——周边气象资料；

  ——需要避开的军事设施和其他重要设施资料；

  ——区域地质构造资料；

  ——需要避开的人工障碍物资料；

  ——周边机场资料。

【条文说明】周边机场资料包括已建成或规划建设中的军用和民用机场情况；军事设施分布情况可咨询当地军事设施保护部门或人武部门，其他重要设施（核电站、大型油库、高速公路、高铁等）分布情况可通过调研当地规划或交通等部门获取；人工障碍物主要包括 110 kV 及以上输电线路、烟囱、桥梁、风电风机、电视塔、通信塔和高层建筑等。

3.4.4 初选阶段的图上作业，宜符合下列要求：

  1 以主要服务对象为中心，确定机场选址范围。飞行区指标 I 为 1 和 2 的机场宜不大于 10 km；飞行区指标 I 为 3 和 4 的机场宜不大于 15 km。

  2 根据当地国土空间规划，避让城市规划发展方向。

  3 根据周边机场资料，避让影响其安全运行的区域。

  4 根据调研的军事设施和其他重要设施资料，避让相关设施区域。

  5 根据区域地质构造资料，避让不良地质区域。

  6 根据人工障碍物分布情况，初步评估场址净空条件。

  7 初步分析地面和空中条件，确定初选场址。

3.4.5 初选场址的可行性应结合现场踏勘情况进行评估，并按下列要求对场址的位置和跑道方位进行优化：

  1 调查场址地形地貌和设施现状，评估场地条件、土石方量和拆迁量；

  2 调查场址周边山体和人工障碍物情况，评估净空条件；

  3 调查场址主导风向；

  4 调查场址周边学校、医院和居民区等噪声敏感区域分布情况，评估飞机噪声影响程度；

  5 调查场址周边易燃易爆、产生烟雾和电磁干扰等设施设备的分布情况，保持安全距离；

  6 调查场址周围鸟类保护区分布情况，评估相互影响程度；

  7 调查场址范围内的地下矿产资源、地表和地下文物古迹遗址分布情况；

8 调查场址附近建设工程地质勘察资料，分析场址工程地质情况；

9 调查场址周边河、湖、海、水库等水域的防洪水位；

10 调查场址周边道路、供水、供电、供气、通信等公用设施情况。

3.4.6 飞行区指标 I 为1和2的机场推荐场址或飞行区指标 I 为3和4的机场预选场址的确定，应结合现场踏勘情况，并按下列要求分析比较：

1 评估场址拟申请使用空域的可行性；

2 分析场址空中和地面条件，评估初选场址可行性；

3 综合比较各场址优劣势，并结合地方政府、发展和改革、自然资源和规划、生态环境、林业和供电等部门及建设单位意见，提出预选场址或推荐场址。

3.5 预选或推荐场址分析

3.5.1 预选或推荐场址分析阶段的主要任务为论证说明场址技术和经济可行性。飞行区指标 I 为1和2的机场对推荐场址进行分析；飞行区指标 I 为3和4的机场对预选场址进行分析，预选场址数量宜不少于2个。

3.5.2 预选或推荐场址分析阶段宜收集下列资料：

——电磁环境测试报告；

——工程地质勘察资料；

——场址地震资料（飞行区指标 I 为3和4的机场）；

——场址附近道路路面结构组合及路基处理方案；

——近5年气象资料。

【条文说明】第2款中，工程地质勘察资料宜按《民用机场勘测规范》（MH/T 5025）规定收集。

3.5.3 场址分析内容，宜包括地理位置、场地条件、净空条件、空域条件、气象条件、环境条件、供油条件、交通条件、公用设施条件、土地使用情况、征迁或改建情况和主要建筑材料来源情况等。

3.5.4 地理位置分析，宜包括下列内容：

1 说明机场基准点坐标、标高和跑道方向；

2 场址与主要服务对象、城镇的位置关系，分析其直线距离和地面交通里程；

3 分析与主要服务城市国土空间规划及其他相关规划的符合度。

3.5.5 场地条件分析，宜包括下列内容：

1 分析场址地形地貌、场地空间范围，确定场地是否满足机场近、远期（如有）建设用地需求；

    2 分析场址工程地质和水文地质条件，提出初步地基处理和高填方边坡处理（如涉及）方案；

    3 分析场址的地震条件及场地抗震设防烈度（飞行区指标 I 为 3 和 4 的机场）；

    4 说明场址范围内地下矿产资源、地表和地下文物古迹遗址分布情况；

    5 分析地表状况和防洪排水资料，确定机场标高，估算土石方工程量。

3.5.6 净空条件分析，宜包括下列内容：

    1 结合场址周围障碍物情况和净空限制要求，复核并优化跑道位置和方向；

    2 按照飞行区指标和机场运行方式，在地形图上绘制障碍物限制面图，分析障碍物是否突破障碍物限制面；

    3 通过航行研究提出对超高障碍物的处理建议。宜保证跑道两端和一侧净空环境良好，障碍物限制面的过渡面和进近面第一段内不应有超高障碍物，如存在大量超高障碍物且处理困难，宜考虑重新选址。

【条文说明】如设航行研究专篇，在此阶段简要描述航行研究成果；如不设航行研究专篇，在此阶段详细分析论证。障碍物限制面依据《民用机场飞行区技术标准》（MH 5001）绘制。

3.5.7 空域条件分析，宜包括下列内容：

    1 调查场址周围半径 100 km 范围内的空域情况；

    2 分析本场空域使用需求，提出进离场飞行程序和拟申请的本场使用空域范围；

    3 分析本场拟使用空域与邻近机场和航线的运行影响；

    4 如空域矛盾突出，需分析协调解决空域矛盾的可行性，提出建议的解决方案；如需限制运行，应评估限制运行条件下，跑道可利用率是否满足机场运行需求以及机场建设的必要性；

    5 结合空域管理部门意见，分析场址申请本场使用空域的可行性。

【条文说明】如设航行研究专篇，在此阶段简要描述航行研究成果；如不设航行研究专篇，在此阶段详细分析论证。第 3 款中，本场拟使用空域与邻近机场的运行影响指本场使用空域与邻近军用机场邻接空域是否重叠，与邻近民用机场飞行程序相互间的垂直间隔和水平间隔是否满足规章要求。

3.5.8 气象条件分析，宜包括下列内容：

    1 场址附近有气象台时，根据气象台至场址的距离和海拔高差，分析气象资料相关性；统计与飞行相关的气象要素（见附录 A）；根据气象资料，绘制场址风力负荷图，计算跑道可利用率。

    2 场址附近无气象台时，或因场址地形复杂，气象资料无代表性时，可现场调研主导风向，评估起降方向和主导风向的关系。飞行区指标 I 为 3 和 4 的机场，在推荐场址确定后应设置临时气象观测站复核气象资料。

    3 根据气象资料，综合分析机场可运行天数，评估影响程度。

3.5.9 环境条件分析，宜包括下列内容：

1 分析进离场航线对医院、学校和居民区等噪声敏感区域的影响；

2 分析场址对周边生态、水土和大气环境的影响；

3 分析场址周围群鸟活动对飞行安全的影响；

4 根据场址周边易燃易爆和产生烟雾等设施的分布情况，分析其对飞行安全的影响；

5 分析说明电磁环境状况，是否满足《航空无线电导航台（站）电磁环境要求》（GB 6364）、《民用机场与地面航空无线台（站）电磁环境测试规范》（MH/T 4046）等规范要求。

3.5.10 供油条件分析，宜说明航油需求预测量和航油供应方案。

3.5.11 交通条件分析，宜说明周边道路情况，初步确定进场路引接方案及投资。

3.5.12 公用设施条件分析，宜说明场址周边供水、供电、供气、通信、污水处理等公用设施状况，初步确定引接方案及投资。

3.5.13 土地使用情况分析，宜说明土地性质和所有权情况、与土地使用相关政策的符合性。

3.5.14 征迁或改建情况分析，宜说明场址范围内的征迁数量，初步估算征迁补偿和改建费用。

3.5.15 主要建筑材料来源情况分析，宜说明主要建筑材料来源、运输方式和运距。

3.6 航行研究

3.6.1 航行研究的主要工作包括净空条件分析和空域条件分析，可根据需要开展飞机性能分析和飞行程序设计。

3.6.2 净空条件分析按 3.5.6 条执行。

3.6.3 空域条件分析按 3.5.7 条执行。

3.6.4 飞机性能分析，宜根据飞机性能手册开展，对机型使用速度、最大起飞重量、上升/下降率、起飞/着陆距离等进行分析。拟开展短途运输业务的机场宜论证跑道长度、航线业载等。

3.6.5 飞行程序设计，宜包括下列内容：

1 根据机场功能定位、运行方式、拟使用机型，设计目视飞行程序或仪表飞行程序；

2 有仪表飞行程序需求的机场，宜优先考虑设计基于性能导航的飞行程序；亦可考虑建设 VOR、DME、ILS 等无线电导航台（站），并设计相应的传统仪表飞行程序。

【条文说明】第 1 款中，针对多家航空公司同场运行的通用机场，设计目视飞行程序或仪表飞行程序，可提高机场运行容量和利用率；净空复杂且有夜航运行需求的机场，通常需要设计仪表飞行程序，以更好确保运行安全。

第 2 款中，随着新航行技术的发展，基于性能导航的飞行方式正在快速普及，它可提供直观精确的"地图导航"方式，有效增强驾驶员的航空器位置情景意识，减轻驾驶员负担，实现全空域仪表导航，有效提升通航安全水平。而传统的仪表飞行，是依靠 NDB、VOR、DME、ILS 等导航台（站）实现导航，地面设备的建设和运行维护的成本较高。

3.7 场址比选

3.7.1 飞行区指标 I 为 3 和 4 的机场推荐场址，宜根据工程技术、航行研究和工程经济比选确定。

3.7.2 工程技术比选，宜从地理位置、场地条件、净空条件、气象条件、环境条件、交通条件、公用设施条件、用地情况、拆迁或改建情况、土石方工程量等方面对预选场址进行比较，具体见附录 B。

3.7.3 航行研究比选，宜从净空条件、空域条件、飞机性能、飞行程序等方面对预选场址进行比较，具体见附录 B。

3.7.4 工程经济比选，宜从净空处理工程费用、场区土石方工程费用、场外交通设施工程费用、场外公用设施工程费用、征地拆迁及安置费用等对预选场址进行比较，具体见附录 B。

3.7.5 推荐场址宜根据各场址的有利和不利因素，并结合军方、民航和地方政府三方意见综合分析确定。

3.8 编制场址报告

3.8.1 飞行区指标 I 为 1 和 2 的机场，其场址报告内容见表 3.8.1。

表 3.8.1 场址报告内容

层级号	内容
1	选址工作概述
2	机场建设的目的及必要性
3	机场功能定位与建设规模
3.1	机场功能定位
3.2	拟使用机型和飞行区指标

续表

层级号	内容
3.3	跑道运行类别
3.4	空域需求
3.5	航空业务量预测
3.6	规划建设内容
3.7	平面布局方案
4	场址初选（如有）
4.1	初选工作概况
4.2	初选场址范围
4.3	初选场址分析
4.3.1	场址1
4.3.2	场址2
……	……
4.4	确定推荐场址
5	推荐场址分析
5.1	场址基本情况
5.1.1	地理位置
5.1.2	飞行场地基本参数
5.1.3	与相关规划的符合性
5.2	技术分析
5.2.1	场地条件
5.2.2	净空条件
5.2.3	空域条件
5.2.4	气象条件
5.2.5	环境条件
5.2.6	交通条件
5.2.7	公用设施条件
5.2.8	供油条件
5.2.9	土地使用情况
5.2.10	征迁或改建情况
5.2.11	主要建筑材料来源情况
6	航行研究
6.1	净空条件
6.2	空域条件

续表

层级号	内容
6.3	飞机性能分析
6.4	飞行程序设计
7	工程投资匡算
8	结论和建议
9	附件
9.1	电磁环境测试报告
9.2	工程地质勘察资料
9.3	跑道型机场航空资料表（选址阶段）（参见附录 C）
10	附图
10.1	初选/推荐场址位置图
10.2	邻近机场关系图
10.3	场址净空障碍物限制面图（障碍物一览表）
10.4	机场总体方案布置图（进场路，场外水、电、气、通信等公用设施路由及距离）
10.5	机场总平面图 [近期、远期（如有）]
10.6	本场使用空域和进离场航线图
10.7	飞行程序设计方案图（如涉及）

注：如开展飞机性能分析和飞行程序设计，应包含航行研究章节，也可单独成册；结论一般需列出限制机场运行的不利因素。

3.8.2　飞行区指标 I 为 3 和 4 的机场，其场址报告内容见表 3.8.2。

表 3.8.2　场址报告大纲

层级号	内容
1	选址工作概述
2	机场建设的目的及必要性
3	机场功能定位与建设规模
3.1	机场功能定位和机场类别
3.2	拟使用机型和飞行区指标
3.3	机场运行方式和空域需求
3.4	航空业务量预测
3.5	规划建设内容
3.6	平面布局方案

续表

层级号	内容
4	初选
4.1	初选工作概况
4.2	初选场址范围
4.3	初选场址分析
4.3.1	场址1
4.3.2	场址2
......	......
4.4	确定预选场址
5	预选场址分析
5.1	场址1
5.1.1	场址基本情况
5.1.1.1	地理位置
5.1.1.2	飞行场地基本参数
5.1.1.3	与相关规划的符合性
5.1.2	技术分析
5.1.2.1	场地条件
5.1.2.2	净空条件
5.1.2.3	空域条件
5.1.2.4	气象条件
5.1.2.5	环境条件
5.1.2.6	交通条件
5.1.2.7	公用设施条件
5.1.2.8	供油条件
5.1.2.9	土地使用情况
5.1.2.10	征迁或改建情况
5.1.2.11	主要建筑材料来源情况
5.2	场址2
......	......
6	航行研究
6.1	净空条件分析
6.2	空域条件分析
6.3	飞行程序设计
6.4	飞机性能分析

续表

层级号	内容
7	比选
7.1	工程技术比较
7.2	航行服务比较
7.3	工程经济比较
7.4	确定推荐场址
8	投资匡算
9	结论和建议
10	附件
10.1	电磁环境测试报告
10.2	地质勘察资料
10.3	跑道型机场航空资料表（选址阶段）（参见附录C）
11	附图
11.1	初选场址位置图
11.2	邻近机场关系图
11.3	预选场址净空障碍物限制面图（障碍物一览表）
11.4	预选场址总体方案布置图（进场路，场外水、电、气、通信等公用设施路由及距离）
11.5	预选场址机场总平面图［近期、远期（如有）］
11.6	预选场址本场使用空域和进离场航线图
11.7	预选场址飞行程序设计方案图（如涉及）

注：如开展飞机性能分析和飞行程序设计，应包含航行研究章节，也可单独成册；结论一般需列出限制机场运行的不利因素。

4 建设非永久性设施的跑道型机场选址

4.1 选址基本要求

4.1.1 场址宜与主要服务对象（包括城镇、街道、农场、林区、景区等）距离适中，地面交通便利。

4.1.2 场地条件应满足拟使用机型安全起降、滑行、停放需求和其他保障设施建设需求。

4.1.3 跑道方向宜与主导风向一致。

4.1.4 场址起降方向宜避开居民区、学校、医院等噪声敏感区；进离场航线宜避开城镇上空。

4.1.5 场址净空条件必须满足飞机安全起降要求；尽可能避免或减少净空障碍物处理量。

4.1.6 场址使用空域与周边机场和其他空域的矛盾可协调解决。

4.1.7 场址应与阵地、靶场等军事设施，核电、大型油库等重要设施，易燃易爆、产生大量烟雾以及电磁干扰等设施设备保持安全距离。

4.1.8 场址宜选择地形地貌简单、土石方工程量少的区域。

4.1.9 工程投资应经济合理。

4.2 选址工作流程

4.2.1 机场选址工作流程包括确定机场功能定位与建设规模、现场踏勘、场址分析和编制场址报告；宜采用单一场址论证。

4.2.2 选址工作中，场地条件研究和航行研究应统筹兼顾。

4.3 机场功能定位与建设规模

4.3.1 确定机场功能定位与建设规模阶段的主要工作包括需求调查，分析并确定机场功能定位、设计机型、跑道长度、运行方式、空域需求，以及机场主要设施的建设规模。

4.3.2　机场功能定位和拟使用机型，宜根据主要服务对象和拟开展业务确定。

【条文说明】通用机场开展的业务种类主要包括交通运输、社会公共服务、通用航空消费、航空飞行培训和工农林生产作业等。

4.3.3　设计机型和飞行区指标，应根据拟使用机型确定。

【条文说明】跑道型机场的拟使用机型，通常包括固定翼飞机、水陆两用飞机和直升机。设计机型一般选择对飞行场地要求最高的机型，通常选择固定翼飞机、水陆两用飞机作为设计机型，还需兼顾拟使用直升机对跑道和滑行道宽度的需求。

4.3.4　机场飞行区设施和其他保障设施规模，宜根据机场功能定位、用户需求和设计机型等确定。

4.3.5　跑道长度可根据拟使用机型的飞机性能确定。当缺少飞机性能资料时，跑道长度可在飞机基准飞行场地长度的基础上按标高、气温和坡度进行修正。

4.3.6　机场运行方式应根据机场功能定位确定，通常采用目视运行方式。

4.3.7　本场使用空域需求可根据机场功能定位、建设规模、拟使用机型和运行方式确定，宜申请临时使用空域。

4.3.8　机场平面布置方案图可根据机场需求分析确定的建设规模绘制，初步确定机场平面布置和用地规模。

4.4　现场踏勘

4.4.1　现场踏勘的主要工作包括实地踏勘场址、调查搜集场址相关资料、评估场址的可行性。

4.4.2　调查场址地形地貌和设施现状。场地条件的可行性宜根据场地空间条件、土石方量和涉及的拆迁量进行评估。

4.4.3　调查场址净空现状，包括自然山体和人工障碍物。净空条件的可行性宜根据净空影响程度和处理难度进行评估，优化跑道位置和起降方向。

4.4.4　调查场址主导风向。跑道方向宜结合主导风向进行优化。

4.4.5　调查场址周边学校、医院和居民区等噪声敏感区域。跑道位置和方向宜根据飞机噪声影响范围进行优化。

4.4.6　调查场址周围鸟类保护区分布情况，评估相互影响程度。

4.4.7　调查场址拟使用空域与邻近机场及航线的运行影响情况。拟使用空域的可行性应结合空域部门管理意见进行分析评估。

4.4.8 场址的可行性宜结合现场踏勘情况，综合分析场地、气象、净空、空域、环境和投资等因素确定。

4.5 场址分析

4.5.1 场址分析阶段的主要任务为论证说明场址技术和经济可行性。

4.5.2 场址分析阶段宜收集下列资料：

——场址区域地形图；

——需要避开的军事设施和其他重要设施；

——需要避开的人工障碍物资料；

——周边机场资料；

——电磁环境测试报告；

——近5年气象资料。

【条文说明】周边机场资料包括已建成或规划建设中的军用和民用机场情况；军事设施分布情况可咨询当地军事设施保护部门或人武部门，其他重要设施（核电站、大型油库、高速公路、高铁等）分布情况可通过调研当地规划或交通等部门获取；人工障碍物主要包括110 kV及以上输电线路、烟囱、桥梁、风电风机、电视塔、通信塔和高层建筑等。

4.5.3 场址分析内容，宜包括地理位置、场地条件、净空条件、空域条件、气象条件和环境条件等。

4.5.4 地理位置分析，宜包括下列内容：

1 说明机场基准点坐标、标高和跑道方位；

2 场址与主要服务对象、城镇的位置关系，分析其直线距离和地面交通里程。

4.5.5 场地条件宜分析场址地形地貌、场地空间范围，说明场地是否满足机场建设用地需求。

4.5.6 净空条件分析，宜包括下列内容：

1 结合场址周围障碍物情况和净空限制要求，复核并优化跑道位置和起降方向；

2 按照机场运行方式，在地形图上绘制障碍物限制面图，分析实测障碍物是否突破障碍物限制面；

3 通过航行研究提出对超高障碍物的处理建议。宜保证跑道两端和一侧净空环境良好，障碍物限制面的过渡面和进近面第一段内不应有超高障碍物，如存在大量超高障碍物且处理困难，可考虑重新选址。

【条文说明】障碍物限制面图依据《民用机场飞行区技术标准》（MH 5001）绘制。

4.5.7 空域条件分析，宜包括下列内容：

　　1　根据场址周围半径 100 km 范围内的机场和空域情况，绘制邻近机场关系图；

　　2　分析本场拟使用空域需求与邻近军民航机场及航线的影响；

　　3　根据机场功能定位、运行方式、拟使用机型，设计目视飞行程序；

　　4　结合空域管理部门意见，评估场址的可行性。

【条文说明】第 2 款中，本场拟使用空域与邻近机场的运行影响指本场使用空域与邻近军用机场邻接空域是否重叠，与邻近民用机场飞行程序相互间的垂直间隔和水平间隔是否满足规章要求。

4.5.8 气象条件分析，宜包括下列内容：

　　1　场址附近有气象台时，根据气象台至场址的距离和海拔高差，分析气象资料相关性；统计与飞行相关的气象要素（见附录 B）；根据气象资料，绘制场址风力负荷图，计算机场利用率；

　　2　场址附近无气象台时或因场址地形复杂，气象资料无代表性时，可现场调研主导风向，评估起降方向和主导风向的关系。

4.5.9 环境条件分析，宜包括下列内容：

　　1　分析进离场航线对医院、学校、居民区等噪声敏感区域的影响；

　　2　分析场址对周边生态、水土、大气环境的影响；

　　3　分析说明电磁环境状况；

　　4　分析场址周围群鸟活动对飞行安全的影响。

4.6　编制场址报告

4.6.1 场址报告内容见表 4.6.1。

表 4.6.1　场址报告大纲

层级号	内容
1	机场建设的目的及必要性
2	机场功能定位与建设规模
2.1	机场功能定位
2.2	拟使用机型和飞行区指标
2.3	跑道运行类别
2.4	空域需求
2.5	规划建设内容

续表

层级号	内容
2.6	平面布局方案
3	场址分析
3.1	场址基本情况
3.1.1	地理位置
3.1.2	飞行场地基本参数
3.2	技术分析
3.2.1	场地条件
3.2.2	净空条件
3.2.3	空域条件
3.2.4	气象条件
3.2.5	环境条件
4	工程投资匡算
5	结论和建议
6	附件
6.1	电磁环境测试报告
6.2	跑道型机场航空资料表（选址阶段）（参见附录C）
7	附图
7.1	场址位置图
7.2	邻近机场关系图
7.3	场址净空障碍物限制面图（障碍物一览表）
7.4	机场总平面图
7.5	本场使用空域和进离场航线图

注：结论一般需列出限制机场运行的不利因素。

附录 A 气象资料统计用表

（资料性附录）

A.1 地方气候统计总表

表 A.1 地方气候统计总表

要素名称		累年要素值												累年年平均
		1月	2月	3月	4月	5月	6月	7月	8月	9月	10月	11月	12月	
平均风速/m/s															
气温/℃	平均气温														
	日最高平均														
	日最低平均														
	极端最高														
	极端最低														
能见度/天	≤1 500 m														
	≤5 000 m														
雷暴、沙尘暴、雾霾、冰雹大风等恶劣天气/天															
资料年限	年~ 年（共 年）														
填表时间	年 月														
观测位置	经纬度： 海拔高度：														
观测方式	人工 自动														

A.2 平均风向风速统计表

表 A.2 平均风向风速统计表

平均风速 V/m·s	北	北东北	东北	东东北	东	东东南	东南	南东南	南	南西南	西南	西西南	西	西西北	西北	北西北	小计
静风																	
0.5≤V≤3																	
3<V≤5																	
5<V≤7																	
7<V≤10																	
10<V≤13																	
13<V≤17																	
V>17																	
合计																	

观测站名称		资料年限	年~　　年（共　　年）
观测站位置	东经： 北纬： 海拔：	填表时间	年　月

附录 B 预选场址比选

表 B.1 预选场址工程技术条件比较表

序号	比较内容		场址 1	场址 2	场址 3	比较结果
1	地理位置	（1）场址与主要服务对象或城市的相对关系、直线距离及地面交通距离； （2）机场基准点坐标； （3）与主要服务城市国土空间规划及相关专项规划的符合度				
2	场地条件	（1）场地发展条件及机场远期可发展的跑道长度； （2）场址工程地质和水文地质条件； （3）地震条件； （4）地下矿藏及文物； （5）排水、防洪条件				
3	净空条件					
4	气象条件					
5	环境条件	（1）对噪声敏感区的影响； （2）对生态环境的影响； （3）周边群鸟活动的影响； （4）危及飞行安全的设施； （5）电磁环境				
6	交通条件	周围交通条件现状，进场路建设规模				
7	公用设施条件	（1）供水条件； （2）供热条件； （3）供电条件； （4）供气条件； （5）通信条件； （6）排水、污物处理条件				
8	用地情况	占地面积、土地性质及分类情况				
9	拆迁及改建情况	村庄、学校、住宅、道路及其他				
10	土石方工程量	（1）场区土石方工程量； （2）净空处理土石方工程量				
11	比较结论					

表 B.2　预选场址航行条件比较表

序号	比较内容	场址 1	场址 2	场址 3	比较结果
1	空域条件				
2	净空条件				
3	飞机性能				
4	飞行程序				
5	比较结论				

表 B.3　预选场址工程经济条件比较表

序号	比较内容		估算工程投资/万元			比较结果
			场址 1	场址 2	场址 3	
1	净空处理工程费用					
2	场区土石方工程费用					
3	场外交通设施工程费用					
4	场外公用设施工程费用	供水				
		供热				
		供电				
		供气				
		通信				
5	征地拆迁及安置费用					
6	比较结论					

附录C 跑道型机场航空资料表（选址阶段）

机场基本数据		
机场类别	□A1　　　　　□A2　　　　　□B	
机场用途	（简述）	
设计机型		
跑道类别	□非仪表跑道　□仪表跑道：	
基准点坐标	经度：　　　　纬度：　　　　　（WGS-84坐标）	
飞行场地基本信息		
机场标高		
基准温度	℃	
跑道长宽	长度：　宽度：　（单位：米）	跑道编号	
表面类型	□水泥 □沥青 □非铺筑面：	跑道磁方位角	
飞行区指标	（飞行区指标Ⅰ及飞行区指标Ⅱ）	跑道坡度	
入口内移	□无 □有：__号跑道内移__米；__号跑道内移__米。	

公布距离	__号跑道（单位：米）	
	净空道：□无 □有 长度：	停止道 □无 □有 长：宽：
	可用起飞滑跑距离（TORA）：	可用起飞距离（TODA）：
	可用加速停止距离（ASDA）：	可用着陆距离（LDA）：
	__号跑道（单位：米）	
	净空道：□无 □有 长度：	停止道 □无 □有 长：宽：
	可用起飞滑跑距离（TORA）：	可用起飞距离（TODA）：
	可用加速停止距离（ASDA）：	可用着陆距离（LDA）：

端安全区	__号跑道 长度：　宽度：　表面类型：□水泥 □沥青 □非铺筑面：	
	__号跑道 长度：　宽度：　表面类型：□水泥 □沥青 □非铺筑面：	
升降带	长度：　宽度：	
滑行道	编号：　宽度：　表面类型：□水泥 □沥青 □非铺筑面：	
	编号：　宽度：　表面类型：□水泥 □沥青 □非铺筑面：	
停机坪	机位数量：	表面类型：□水泥 □沥青 □非铺筑面：
目视助航设施	助航灯光	□无　□有：
	标志	□无　□有：
	标志物	□无　□有：

续表

机场拟提供的服务		
管制服务	□不提供	□提供：
气象服务	□不提供	□提供：
情报服务	□不提供	□提供：
航油服务	□不提供	□提供：
其他服务		
备注		

标准用词说明

1 为便于在执行本指南条文时区别对待，对要求严格程度不同的用词，说明如下：

1）表示很严格，非这样做不可的用词：

正面词采用"必须"，反面词采用"严禁"。

2）表示严格，在正常情况下均应这样做的用词：

正面词采用"应"，反面词采用"不应"或"不得"。

3）表示允许稍有选择，在条件许可时首先应这样做的用词：

正面词采用"宜"，反面词采用"不宜"。

4）表示有选择，在一定条件下可以这样做的，采用"可"。

2 本指南中指定按其他有关标准、规范或其他有关规定执行时，写法为"应符合……的规定"或"应按……的规定执行"，非必须按所指定的标准、规范和其他规定执行时，写法为"可参照……"。

引用标准名录

下列文件对于本文件的应用必不可少。凡标注日期的引用文件，仅所注日期的版本适用于本文件。凡不注日期的引用文件，其最新版本（包括所有的修改单）适用于本文件。

[1]《民用机场飞行区技术标准》（MH 5001）

[2]《航空无线电导航台（站）电磁环境要求》（GB 6364）

[3]《民用机场与地面航空无线电台（站）电磁环境测试规范》（MH/T 4046）

[4]《民用机场勘测规范》（MH/T 5025）

通用机场选址技术指南
第 2 部分：直升机场

Technical guidance for site selection of general aviation aerodrome—
Part 2：Heliport

MH/T 5065.2—2023

主编单位：中国民用航空江苏安全监督管理局

批准部门：中国民用航空局

施行日期：2023 年 7 月 1 日

前　言

随着通用航空"放管服"改革的推进，我国通用机场迎来了快速发展新时期，各地掀起通用机场建设热潮。通用机场服务领域广泛，分类复杂，建设规模差异大，选址缺少相应规范标准，目前普遍参照运输机场的标准执行，导致有些类别通用机场选址程序复杂，建设周期长，建设要求偏高，在一定程度上制约了通用机场的发展。为促进通用航空高质量发展，推进民航治理体系和治理能力现代化，中国民用航空局制定了通用航空法规体系重构路线图，通用机场建设和运行标准是该体系的重要组成部分。为加强对通用机场选址工作的指导，中国民用航空局机场司委托中国民用航空江苏安全监督管理局编制了《通用机场选址技术指南》。该指南是通用机场建设和运行标准体系的重要组成部分，可为地方政府相关职能部门、通用机场建设者、民航设计咨询人员以及民航监察员提供技术支持、指导和帮助。

在编制过程中，编写组研究了国内外相关技术文件，实地调研了民航管理部门、战区空军、地方政府相关职能部门、民航设计院、通航运营人和通用机场等，在分析通用机场选址问题和总结相关经验的基础上，编制完成本指南。因所使用的航空器种类不同，所对应的通用机场选址要求差异较大，为此，将本指南分为"第1部分：跑道型机场""第2部分：直升机场"和"第3部分：水上机场"三个部分。

本部分适用于直升机场选址。表面直升机场可根据需要建设永久性设施或非永久性设施。建设永久性设施的表面直升机场，通常列入地方政府通用机场布局规划或申请本场固定使用空域；建设非永久性设施的表面直升机场通常利用或改造现有设施，或建设简易临时性设施，如草皮、泥结碎石、压实土等飞行场地，简易木屋、彩钢板房、集装箱板房、帐篷等，通常申请临时使用空域。结合直升机场的实际建设情况，本部分主要内容包括：总则、术语和缩略语、建设永久性设施的表面直升机场选址、建设非永久性设施的表面直升机场选址、高架直升机场选址及附录。

本指南第1章由章亚军编写，第2章由贺雷编写，第3章由季天剑、孙樊荣和王建国编写，第4章由季天剑、徐杰和郭建忠编写，第5章由章亚军编写，附录A

由孙樊荣和李海元编写，附录 B 由徐杰编写。

中国民用航空局机场司为本指南管理部门，中国民用航空江苏安全监督管理局为本指南日常管理机构。执行过程中如有意见和建议，请函告中国民用航空江苏安全监督管理局（地址：江苏省南京市雨花台区金兰路 1 号城际空间 A-1 座 15-16 楼；邮编：210000；电话：025-52651589；电子信箱：jsjcc@ caac. gov. cn)，以便修订时参考。

主编单位：中国民用航空江苏安全监督管理局

主　　编：章亚军　季天剑

参编人员：贺　雷　孙樊荣　朱　晖　徐　杰　王建国　郭建忠　李海元

主　　审：张　锐　彭爱兰

参审人员：黄品立　钟　斌　石　岗　刘　冰　孙卫宜　唐成涛　蔡祖之
　　　　　姜文渊　伍　丹

1 总 则

1.0.1 为指导通用机场的选址工作，促进通用机场建设，制定本指南。

1.0.2 本指南适用于新建表面直升机场和高架直升机场的选址，不适用于直升机水上平台和船上直升机场的选址，现有直升机场实施飞行场地改扩建的论证可参考本指南。

【条文说明】通用机场按照飞行场地的物理特性分为跑道型机场、直升机场和水上机场。直升机场指全部或部分仅供直升机起飞、着陆和表面活动使用的场地或构筑物上的特定区域。直升机场按飞行场地建设位置分为表面直升机场、高架直升机场、直升机水上平台和船上直升机平台。直升机水上平台和船上直升机场不涉及选址问题，其场地设置应符合《民用直升机场飞行场地技术标准》（MH 5013）中有关技术要求。

1.0.3 直升机场选址应当遵循"安全、适用、绿色、经济"的原则。

1.0.4 直升机场选址除应符合本指南外，尚应符合国家和行业现行有关标准的规定。

2 术语和缩略语

2.1 术语

2.1.1 直升机场 heliport

全部或部分仅供直升机起飞、着陆和表面活动使用的场地或构筑物上的特定区域。

2.1.2 表面直升机场 surface-level heliport

位于地面上或水体表面构筑物上的直升机场。

2.1.3 高架直升机场 elevated heliport

位于陆地上高架构筑物或建筑物顶部的直升机场。

2.1.4 障碍物 obstacle

位于供航空器地面活动的区域上，或突出于为保护飞行中的航空器而规定的限制面之上，或位于上述规定限制面之外但评定为对空中航行有危险的，固定的（无论是临时的还是永久的）和移动的物体，或是上述物体的一部分。

2.1.5 最终进近和起飞区（FATO）final approach and take-off area

用于直升机完成进近动作的最后阶段到悬停或着陆，以及开始起飞动作的特定区域（供以 1 级性能运行的直升机使用的最终进近和起飞区还包括可用中断起飞区）。

2.1.6 跑道型最终进近和起飞区 runway-type FATO

在形状上与跑道具有类似特性、长度不小于 100 m 的最终进近和起飞区。

2.1.7 接地和离地区（TLOF）touchdown and lift-off area

供直升机接地或离地的一块承载区。

2.2 缩略语

FATO（Final Approach and Take-off Area）　　　最终进近和起飞区

TLOF（Touchdown and Lift-off Area）　　　接地和离地区

VOR（VHF Omnidirectional Radio）　　　　　甚高频全向信标

DME（Distance Measuring Equipment）　　　测距仪

ILS（Instrument Landing System）　　　　　仪表着陆系统

NDB（Non-directional Radio Beacon）　　　　无方向信标

3 建设永久性设施的表面直升机场选址

3.1 选址基本要求

3.1.1 场址宜与主要服务对象（包括城镇、街道、农场、林区、景区等）距离适中，地面交通便利。

3.1.2 场址应按近期建设和远期发展规划（如有）需求选址，场地条件（包括场地空间和地形地貌等）应符合下列要求：

    1 满足拟使用直升机安全起降、滑行、停放需求；

    2 满足生产和生活保障设施建设需求。

【条文说明】建设永久性设施的机场通常有远期改扩建计划，如机场受场地等条件限制，无远期规划，可按本期规模选址。有关场地条件要求见《民用直升机场飞行场地技术标准》（MH 5013）规定。

3.1.3 最终进近和起飞区（FATO）宜至少设置两个进近和起飞爬升面。主起降方向宜与主导风向一致，应避免顺风运行，尽量减少侧风运行。

【条文说明】如场地条件允许，设置多个起降方向，例如表面直升机场的两端和一侧均可用于直升机进近和起飞爬升，可提高机场利用率和安全性。

3.1.4 场址起降方向宜避开居民区、学校和医院等噪声敏感区。

3.1.5 场址净空条件应满足飞机安全起降要求，尽可能避免或减少净空障碍物处理量。

3.1.6 场址应避开各类空中禁区，应考虑各类空中限制区和危险区的影响。场址使用空域与周边机场和其他空域的矛盾可协调解决，运行限制可接受。

3.1.7 场址应与阵地、靶场等军事设施，核电、大型油库等重要设施，易燃易爆、产生大量烟雾以及电磁干扰等设施设备保持安全距离。

3.1.8 场址宜选择地形地貌简单、土石方工程量少的区域。

3.1.9 场址应满足生态环境及文物保护要求，宜避开鸟类生态保护区和饮用水水源地保护区，应考虑对具有开采价值矿藏区的影响。

3.1.10 有建设民用航空无线电台（站）需求的机场，场址应具备建设台（站）的条件；有仪表运行需求的机场，场址应具备建立仪表飞行程序的条件；有夜航需求的机场，场址应具备建设助航灯光设施的条件。

【条文说明】作为航空飞行培训和应急救援基地的机场通常要考虑民用航空无线电台（站）、仪表运行和夜航的需求。

3.1.11 场址应具备引接道路设施的条件，宜具备供水、排水排污、供电、通信等公用设施的设置或引接条件。

3.1.12 具有跑道型 FATO 的直升机场还应满足下列要求：

    1　符合所在地通用航空相关规划；

    2　与所在地国土空间规划及其他规划相协调。

【条文说明】通用航空相关规划通常指经地方政府批准的通用机场布局规划或通用航空发展规划。国土空间规划及其他相关规划通常指经地方政府批准的国土空间规划、城乡建设发展规划、生态环境保护规划，以及场址涉及的其他专项规划。

3.2　选址工作流程

3.2.1 建设永久性设施的表面直升机场选址，选址工作流程包括确定机场功能定位与建设规模、场址初选、推荐场址分析和编制场址报告。如有意向场址或无其他场址可选，选址工作可不进行场址初选，直接对该场址分析论证。

3.2.2 选址工作中，场地条件研究和航行研究应统筹兼顾。

3.3　机场功能定位与建设规模

3.3.1 确定机场功能定位与建设规模阶段的主要工作包括需求调查，分析并确定机场功能定位、设计机型、主要航空业务量指标、FATO 尺寸、运行方式、空域需求，以及机场主要设施的建设规模。

3.3.2 机场功能定位和拟使用机型，宜根据主要服务对象和拟开展的业务确定。

【条文说明】通用机场开展的业务种类主要包括交通运输、社会公共服务、通用航空消费、航空飞行培训和工农林生产作业等。

3.3.3 设计机型应根据拟使用机型确定，一般选择其中全尺寸（D）最大的直升机和起飞全重最大的直升机。

3.3.4 航空业务量预测，宜符合下列要求：

1 近期预测年限宜不小于 5 年且不大于 10 年，远期预测年限宜不小于 10 年且不大于 30 年。起算年为机场预计建成投用的年份。

2 航空业务量预测指标，宜包括年/月/日起降架次、高峰小时起降架次、最大停场飞机数量等。

3 航空业务量预测方法，可结合自身功能定位选择如下方法：市场分析法、类比法、综合分析判断法、趋势外推法、计量经济模型法、人均航空出行分析法及专家调查法等。

【条文说明】第 3 款中，开展运输业务的机场，可采用趋势外推法、计量经济模型法、市场分析法、类比法预测年客货吞吐量，并确定客货设施规模；航空飞行培训的机场，可采用市场分析法预测航空飞行培训类业务的飞行时间和起降架次；通用航空消费、工农林生产作业、社会公共服务的机场，可采用类比法、综合分析判断法，通过参照类似通用机场，结合当地社会经济发展状况，预测起降架次和停场航空器数量等指标。

3.3.5 应根据机场功能定位、用户需求、设计机型和预测的航空业务量等，确定 FATO、TLOF、安全区、机坪、滑行道、滑行通道等设施建设规模。

3.3.6 拟作为航空飞行培训基地或应急救援基地使用的直升机场，宜建设跑道型 FATO。

3.3.7 跑道型 FATO 长度可根据拟使用机型的飞机性能及机场的功能定位确定。高原和高高原直升机场的 FATO 长度应考虑结合海拔高度、气温等因素进行修正。

3.3.8 停机坪和机库建设规模宜根据停场飞机类型、数量及停放方式确定。机库面积宜兼顾飞机维修和停放需求。

【条文说明】机位安全间距根据直升机停放方式确定，直升机机坪停放方式包括飞进飞出、自滑进出、滑进推出、推进推出等。

3.3.9 机场生产保障设施和办公生活设施的规模，可根据机场功能定位、用户需求、设计机型和预测的航空业务量等确定。为节约用地，宜合建用房。

【条文说明】生产保障设施包括机库、航空加油设施（油库、加油车、加油装置等）、候机设施、飞行准备室、场务用房、车库、动力中心等；办公生活设施包括办公室、食堂、值班宿舍、培训教室、驻场单位用房、仓库等。

3.3.10 根据机场功能定位预测夜航需求，有夜航需求的机场应建设助航灯光系统。

3.3.11 直升机场的运行方式可根据机场功能定位确定，通常采用目视飞行程序，下列情况宜考虑建立仪表飞行程序：

1 有仪表飞行培训需求的机场；

2 有全天候运行需求的机场（如作为应急救援基地的机场）；

3 净空复杂且有夜航需求的机场。

3.3.12 本场使用空域需求可根据直升机场功能定位、建设规模、拟使用机型和运行方式确定。

3.3.13 建设永久性设施的表面直升机场宜申请本场固定使用空域，空域范围一般至少为半径 5 km、真高 200 m。

3.3.14 近期、远期（如有）机场平面布置方案图可根据机场需求分析确定的建设规模绘制，初步确定机场平面布置和用地规模。

3.4 场址初选

3.4.1 初选阶段的主要工作包括收集资料、图上作业、现场踏勘、场址分析和确定推荐场址。

3.4.2 建设永久性设施的表面直升机场，如开展初选，初选场址数量宜不少于 3 个。

3.4.3 初选阶段宜收集下列资料：

  ——选址区域地形图；

  ——通用航空相关规划；

  ——区域国土空间规划；

  ——周边气象资料；

  ——需要避开的军事设施和其他重要设施；

  ——需要避开的人工障碍物资料；

  ——周边机场资料。

【条文说明】周边机场资料包括已投用或建设中的军用和民用机场情况。军事设施分布情况可咨询当地军事设施保护部门，其他重要设施（核电站、大型油库、高速公路、高铁等）分布情况可通过调研当地规划或交通等部门获取。人工障碍物主要包括 110 kV 及以上输电线路、烟囱、桥梁、风电风机、电视塔、通信塔和高层建筑等。

3.4.4 初选阶段的图上作业，宜符合下列要求：

  1 以主要服务对象为中心，确定机场选址范围；

  2 根据当地国土空间规划，避让城市规划发展方向；

  3 根据周边机场资料，避让影响其安全运行的区域；

  4 根据调研的军事设施和其他重要设施资料，避让相关设施区域；

  5 根据区域地质构造资料，避让不良地质区域；

  6 根据人工障碍物分布情况，初步评估场址净空条件；

  7 初步分析地面和空中条件，确定初选场址。

3.4.5 初选场址的可行性应结合现场踏勘情况进行评估，并按下列要求对场址的位置和方位进行优化：

1 调查场址地形地貌和设施现状，评估场地条件、土石方量和拆迁量；

2 调查场址周边山体和人工障碍物情况，评估净空条件；

3 调查场址主导风向；

4 调查场址周边学校、医院和居民区等噪声敏感区域分布情况，评估飞机噪声影响程度；

5 调查场址周边易燃易爆和产生烟雾等设施的分布情况，保持安全距离；

6 调查场址周围鸟类保护区分布情况，评估相互影响程度；

7 调查场址范围内的地下矿产资源、地表和地下文物古迹遗址分布情况；

8 调查场址周边道路、供水、供电、供气、通信等公用设施情况。

3.4.6 推荐场址的确定应结合现场踏勘情况，并按下列要求进行分析比较：

1 评估场址拟申请使用空域的可行性；

2 分析场址空中和地面条件，评估初选场址可行性；

3 综合比较各场址优劣势，并结合地方政府、发展和改革、自然资源和规划、生态环境、林业和供电等部门及建设单位意见，提出推荐场址。

3.5 推荐场址分析

3.5.1 推荐场址分析阶段的主要任务为论证说明场址技术和经济可行性。

3.5.2 推荐场址分析阶段宜收集下列资料：

——电磁环境测试报告；

——工程地质勘察资料；

——近5年气象资料。

【条文说明】第2款中，工程地质勘察资料宜按《民用机场勘测规范》（MH/T 5025）规定收集。

3.5.3 场址分析内容，宜包括地理位置、场地条件、净空条件、空域条件、气象条件、环境条件、供油条件、交通条件、公用设施条件、土地使用情况、征迁或改建情况和主要建筑材料来源情况等。

3.5.4 地理位置分析，宜包括下列内容：

1 说明机场基准点坐标、标高和FATO方向；

2 场址与主要服务对象、城镇的位置关系，分析其直线距离和地面交通里程；

3 分析与主要服务城市国土空间规划及其他相关规划的符合度。

3.5.5 场地条件分析，宜包括下列内容：

1 分析场址地形地貌、场地空间范围，确定场地是否满足机场近、远期（如有）建设用地需求；

2 分析场址工程地质和水文地质条件，提出初步地基处理和高填方边坡处理（如涉及）方案；

3 分析场址的地震条件及场地抗震设防烈度；

4 说明场址范围内地下矿产资源、地表和地下文物古迹遗址分布情况；

5 分析地表状况和防洪排水资料，确定机场标高，估算土石方工程量。

3.5.6 净空条件分析，宜包括下列内容：

1 结合场址周围障碍物情况和净空限制要求，复核并优化 FATO 位置和起降方向；

2 按照直升机性能分级和机场运行方式，在地形图上绘制障碍物限制面图，分析障碍物是否突破障碍物限制面；

3 通过航行研究提出对超高障碍物的处理建议。宜保证障碍物限制面的过渡面、起飞爬升面和进近面第一、二段内无超高障碍物，如存在大量超高障碍物且处理困难，宜考虑重新选址。

【条文说明】如设航行研究专篇，在此阶段简要描述航行研究成果；如不设航行研究专篇，在此阶段详细分析论证。障碍物限制面依据《民用直升机场飞行场地技术标准》（MH 5013）绘制，目视条件下 FATO 障碍物限制面通常按照坡度类别 A 设计，也可根据拟使用直升机性能来确定坡度类别。

3.5.7 空域条件分析，宜包括下列内容：

1 调查场址周围半径 55 km 范围内的空域情况；

2 分析本场空域使用需求，提出进离场飞行程序和拟申请的本场使用空域范围；

3 分析本场拟使用空域与邻近机场和航线的运行影响；

4 如空域矛盾突出，需分析协调解决空域矛盾的可行性，提出建议的解决方案；如需限制运行，应评估限制运行条件下，机场利用率是否满足机场运行需求以及机场建设的必要性；

5 结合空域管理部门意见，分析场址申请本场使用空域的可行性。

【条文说明】如设航行研究专篇，在此阶段简要描述航行研究成果；如不设航行研究专篇，在此阶段详细分析论证。

第 3 款中，本场拟使用空域与邻近机场的运行影响，指本场使用空域与邻近军用机场邻接空域是否重叠，与邻近民用机场飞行程序相互间的垂直间隔和水平间隔是否满足规章要求。

3.5.8 气象条件分析，宜包括下列内容：

1 场址附近有气象台时，根据气象台至场址的距离和海拔高差，分析气象资料相关性；统计与飞行相关的气象要素（见附录 A）；根据气象资料，绘制场址风力负荷图；

2 场址附近无气象台时，或因场址地形复杂，气象资料无代表性时，可现场调研主导风向，评估起降方向和主导风向的关系；

3 根据气象资料，综合分析机场可运行天数，评估影响程度。

3.5.9 环境条件分析，宜包括下列内容：

1 分析进离场航线对医院、学校和居民区等噪声敏感区域的影响；

2 分析场址对周边生态、水土和大气环境的影响；

3 分析场址周围群鸟活动对飞行安全的影响；

4 根据场址周边易燃易爆和产生烟雾等设施的分布情况，分析其对飞行安全的影响；

5 分析说明电磁环境状况，是否满足《航空无线电导航台（站）电磁环境要求》（GB 6364）、《民用机场与地面航空无线电台（站）电磁环境测试规范》（MH/T 4046）等规范要求。

3.5.10 供油条件分析，宜说明航油需求预测量和航油供应方案。

3.5.11 交通条件分析，宜说明周边道路情况，初步确定进场路引接方案。

3.5.12 公用设施条件分析，宜说明场址周边供水、供电、供气、通信、污水处理等公用设施状况，初步确定引接方案。

3.5.13 土地使用情况分析，宜说明土地性质和所有权情况、与土地使用相关政策的符合性。

3.5.14 征迁或改建情况分析，宜说明场址范围内的征迁数量，初步估算征迁补偿和改建费用。

3.5.15 主要建筑材料来源情况分析，宜说明主要建筑材料来源、运输方式和运距。

3.6 航行研究

3.6.1 航行研究的主要工作包括净空条件分析和空域条件分析，可根据需要开展直升机性能分析和飞行程序设计。

3.6.2 净空条件分析按 3.5.6 条执行。

3.6.3 空域条件分析按 3.5.7 条执行。

3.6.4 有下列情形之一的场址，宜开展直升机性能分析：

1 具有跑道型 FATO 的直升机场；

2 有物体超过机场障碍物限制面，且无法拆除或搬迁的；

3 仅能提供一个进近和起飞爬升面；

4 高原及高高原机场。

3.6.5 直升机性能分析，宜根据飞机性能手册开展，对机型使用速度、最大起飞重量、上升/下降率、FATO 长度等进行分析。

3.6.6 飞行程序设计，宜包括下列内容：

    1 根据机场功能定位、运行方式和拟使用机型，设计目视飞行程序或仪表飞行程序；

    2 有仪表飞行程序需求的机场，宜优先考虑设计 PinS 程序；亦可考虑建设 VOR、DME、ILS 等无线电导航台（站），并设计相应的传统仪表飞行程序。

【条文说明】第 1 款中，通用机场通常采用目视（非仪表）飞行方式。针对多家航空公司同场运行的繁忙通用机场，设计目视飞行程序或仪表飞行程序，可提高机场运行容量和利用率；净空复杂且有夜航运行需求的机场，通常需要设计仪表飞行程序来确保运行安全。

第 2 款中，随着新航行技术的发展，基于性能导航的飞行方式正在快速普及，它可提供直观精确的"地图导航"方式，有效增强驾驶员的航空器位置情景意识，减轻驾驶员负担，实现全空域仪表导航，有效提升通航安全水平。而传统的仪表飞行，是依靠 NDB、VOR、DME、ILS 等导航台（站）实现导航，地面设备的建设和运行维护的成本较高。

3.7　编制场址报告

3.7.1 场址报告内容见表 3.7.1。

表 3.7.1　场址报告内容

层级号	内容
1	选址工作概述
2	机场建设的目的及必要性
3	机场功能定位与建设规模
3.1	机场功能定位
3.2	拟使用机型和设计机型
3.3	运行类别
3.4	空域需求
3.5	航空业务量预测
3.6	规划建设内容
3.7	平面布局方案
4	场址初选（如有）
4.1	初选工作概况
4.2	初选场址范围
4.3	初选场址分析
4.3.1	场址 1

续表

层级号	内容
4.3.2	场址 2
……	……
4.4	确定推荐场址
5	推荐场址分析
5.1	场址基本情况
5.1.1	地理位置
5.1.2	飞行场地基本参数
5.1.3	与相关规划的符合性
5.2	技术分析
5.2.1	场地条件
5.2.2	净空条件
5.2.3	空域条件
5.2.4	气象条件
5.2.5	环境条件
5.2.6	交通条件
5.2.7	公用设施条件
5.2.8	供油条件
5.2.9	土地使用情况
5.2.10	征迁或改建情况
5.2.11	主要建筑材料来源情况
6	航行研究
6.1	净空条件
6.2	空域条件
6.3	飞机性能分析
6.4	飞行程序设计
7	工程投资匡算
8	结论和建议
9	附件
9.1	电磁环境测试报告
9.2	工程地质勘察资料
9.3	直升机场航空资料表（选址阶段）（参见附录 B）
10	附图
10.1	初选/推荐场址位置图

续表

层级号	内容
10.2	邻近机场关系图
10.3	场址净空障碍物限制面图（障碍物一览表）
10.4	机场总平面图［近期、远期（如有）］
10.5	目视助航设施平面布置图

注：如开展飞机性能分析和飞行程序设计，应包含航行研究章节，也可单独成册；结论一般需列出限制机场运行的不利因素；机场目视助航设施平面布置图可与机场总平面图合并。

4　建设非永久性设施的表面直升机场选址

4.1　选址基本要求

4.1.1　场地条件应满足拟使用直升机安全起降和停放需求。

4.1.2　最终进近和起飞区（FATO）宜至少设置两个进近和起飞爬升面。场址主起降方向宜与主导风向一致。

4.1.3　场址净空条件应满足飞机安全起降要求，尽可能避免或减少净空障碍物处理量。

4.1.4　场址起降方向宜避开居民区、学校和医院等噪声敏感区。

4.1.5　场址使用空域与周边机场和其他空域的矛盾可协调解决。

4.2　选址工作流程

4.2.1　建设非永久性设施的表面直升机场选址宜采用单一场址论证。选址工作流程包括确定机场功能定位与建设规模、现场踏勘和编制场址报告。

4.2.2　选址工作中，场地条件研究和航行研究应统筹兼顾。

4.3　机场功能定位与建设规模

4.3.1　机场功能定位和拟使用机型宜根据主要服务对象和拟开展的业务确定。

【条文说明】通用机场开展的业务种类主要包括交通运输、社会公共服务、通用航空消费、航空飞行培训和工农林生产作业等。

4.3.2　设计机型应根据拟使用直升机机型确定。

【条文说明】设计机型一般选择其中全尺寸（D）最大的直升机和起飞全重最大的直升机。

4.3.3　FATO、TLOF、安全区、机坪、滑行道、滑行通道等设施建设规模应根据机场功能定位、用户需求和设计机型等确定。

4.3.4　本场使用空域需求可根据直升机场功能定位与建设规模、拟使用机型和运行方式确定。建设非永久性设施的表面直升机场宜申请本场临时使用空域，空域范围一般至少为半径 5 km、真高 200 m。

4.3.5　简易机库和其他保障用房的建设规模宜根据用户需求确定。

4.3.6　机场平面布置方案图可根据机场需求分析确定的建设规模绘制，初步确定机场平面布置和用地规模。

4.4　现场踏勘

4.4.1　现场踏勘的主要工作包括实地踏勘场址、调查搜集场址相关资料、评估场址的可行性。

4.4.2　调查场址地形地貌和设施情况。场地条件的可行性宜根据场地空间条件、土石方量和涉及的拆迁量评估。

4.4.3　场址净空现状调查，宜包括下列内容：

1　调查场址净空现状，包括自然山体和人工障碍物。以不处理自然山体和已有人工障碍物为原则，评估净空影响程度和处理难度，优化场址位置和 FATO 起降方向。

2　按照直升机性能分级和机场运行方式，在地形图上绘制障碍物限制面图。目视条件下 FATO 障碍物限制面宜按照坡度类别 A 设计，也可根据拟使用直升机性能来确定坡度类别。

3　提出对超高障碍物的处理建议。宜保证障碍物限制面的起飞爬升面和进近面内无超高障碍物，如存在大量超高障碍物且处理困难，可考虑重新选址。

4.4.4　调查场址主导风向。FATO 主起降方向宜结合主导风向进行优化。

4.4.5　调查场址周边学校、医院和居民区等噪声敏感区域。场址位置和 FATO 起降方向宜根据飞机噪声影响范围进行优化。

4.4.6　调查场址拟使用空域与邻近机场/航线的运行影响情况。使用空域的可行性应结合空域管理部门意见进行分析评估。

4.4.7　场址的可行性宜结合现场踏勘情况，综合分析场地、气象、净空、空域、环境、投资等条件确定。

4.4.8　机场基准点坐标、标高和起降方向应结合现场踏勘情况确定，并绘制机场总平面图和目视助航设施图。

4.5 编制场址报告

4.5.1 场址报告内容见表 4.5.1。

表 4.5.1 场址报告内容

层级号	内容
1	机场功能定位与建设规模
1.1	机场功能定位
1.2	拟使用机型和设计机型
1.3	运行类别
1.4	空域需求
1.5	规划建设内容
1.6	平面布局方案
2	场址基本情况
2.1	地理位置
2.2	飞行场地基本参数
2.3	技术分析
2.3.1	场地条件
2.3.2	净空条件
2.3.3	空域条件
2.3.4	环境条件
3	工程投资匡算
4	结论和建议
5	附件
5.1	直升机场航空资料表（选址阶段）（参见附录 B）
6	附图
6.1	场址位置图
6.2	邻近机场关系图
6.3	场址净空障碍物限制面图（障碍物一览表）
6.4	机场总平面图
6.5	机场目视助航设施平面布置图

注：结论一般需列出限制机场运行的不利因素；机场目视助航设施平面布置图可与机场总平面图合并。

5　高架直升机场选址

5.1　场址基本要求

5.1.1　场地条件应满足拟使用直升机安全起降需求。

5.1.2　最终进近和起飞区（FATO）宜设置至少两个进近和起飞爬升面。场址主起降方向宜与主导风向一致。

5.1.3　建/构筑物结构强度应满足设计直升机的荷载要求。

5.2　选址工作流程

5.2.1　高架机场选址可采用单一场址论证。

5.2.2　高架直升机选址工作流程应包括方案设计、现场踏勘和编制场址报告。

5.3　方案设计

5.3.1　方案设计阶段的主要工作包括确定设计机型和绘制直升机场平面布置方案图。

5.3.2　分析拟使用的直升机机型，设计机型应选择拟使用该机场的全尺寸（D）最大的直升机和起飞全重最大的直升机。

5.3.3　直升机场平面布置方案图应根据设计机型绘制。

5.4　现场踏勘

5.4.1　现场踏勘的主要工作包括实地踏勘场址、调查搜集场址相关资料和评估场址的可行性。

5.4.2 调查楼顶或构筑物平台尺寸和结构强度。场地条件可行性宜根据场地空间条件和承载力评估。

5.4.3 调查场址主导风向。FATO 主起降方向宜结合主导风向进行优化。

5.4.4 调查平台及周边邻近的障碍物。净空条件的可行性宜根据障碍物分布情况评估。

5.4.5 机场基准点坐标、标高和起降方向应结合现场踏勘情况确定，并绘制机场总平面图和目视助航设施图。

5.5 编制场址报告

5.5.1 场址报告内容见表5.5.1。

表 5.5.1 场址报告内容

层级号	内容
1	机场用途
2	地理位置
3	可使用机型
4	净空条件
5	飞行场地设施
6	结论和建议
7	附件
7.1	直升机场航空资料表（选址阶段）（参见附录B）
8	附图
8.1	机场总平面图
8.2	机场净空障碍物限制面图（障碍物一览表）
8.3	机场目视助航设施平面布置图

注：结论一般需列出限制机场运行的不利因素；机场目视助航设施平面布置图可与机场总平面图合并。

附录 A 气象资料统计用表

（资料性附录）

A.1 地方气候统计总表

表 A.1 地方气候统计总表

要素名称		累年要素值												累年年平均
		1月	2月	3月	4月	5月	6月	7月	8月	9月	10月	11月	12月	
平均风速/m·s															
气温/℃	平均气温														
	日最高平均														
	日最低平均														
	极端最高														
	极端最低														
能见度/天	≤1 500 m														
	≤5 000 m														
雷暴、沙尘暴、雾霾、冰雹大风等恶劣天气/天															
资料年限	年~ 年（共 年）														
填表时间	年 月														
观测位置	经纬度： 海拔高度：														
观测方式	人工 自动														

A.2 平均风向风速统计表

表 A.2 平均风向风速统计表

平均风速 V/m/s	北	北东北	东北	东东北	东	东东南	东南	南东南	南	南西南	西南	西西南	西	西西北	西北	北西北	小计
静风																	
0.5≤V≤3																	
3<V≤5																	
5<V≤7																	
7<V≤10																	
10<V≤13																	
13<V≤17																	
V>17																	
合计																	

观测站名称		资料年限	年~ 年（共 年）
观测站位置	东经：	填表时间	年 月
	北纬：		
	海拔：		

附录 B　直升机场航空资料表（选址阶段）

直升机场基本数据			
机场类别	□A1	□A2	□B
机场类型	□表面直升机场	□高架直升机场	
设计机型			
运行类别	□目视	□仪表：	
基准点坐标	位置： 经度： 纬度：（以 WGS-84 数据标定）	基准温度	
飞行场地基本信息			
TLOF 信息	机场标高	尺寸	长度：　宽度：　（米） 直径：
	表面类型	□水泥　□沥青　□非铺筑面：	
FATO 信息	FATO 类型	□跑道型　□非跑道型	跑道长宽	长度：　宽度：　（米） 直径：
	识别号码	□无　　□有：	FATO 方向	
	表面类型	□水泥　□沥青　□非铺筑面：	
安全区	安全区尺寸	长度：　　　　宽度：	
	表面类型	□水泥　□沥青　□非铺筑面：	
停机坪	停机位数量		
	表面类型	□水泥　□沥青　□非铺筑面：	
地面滑行道	滑行道编号	□无　□有　编号：	滑行道宽度	
	表面类型	□水泥　□沥青　□非铺筑面：	
空中滑行道	滑行道编号	□无　□有　编号：	滑行道宽度	

续表

目视助航设施	助航灯光	□无	□有：
	标志	□无	□有：
	标志物	□无	□有：
机场拟提供的服务			
管制服务	□不提供　□提供：		
气象服务	□不提供　□提供：		
情报服务	□不提供　□提供：		
航油服务	□不提供　□提供：		
其他服务			
备注			

续表

标准用词说明

1　为便于在执行本指南条文时区别对待，对要求严格程度不同的用词，说明如下：

1）表示很严格，非这样做不可的用词：

正面词采用"必须"，反面词采用"严禁"。

2）表示严格，在正常情况下均应这样做的用词：

正面词采用"应"，反面词采用"不应"或"不得"。

3）表示允许稍有选择，在条件许可时首先应这样做的用词：

正面词采用"宜"，反面词采用"不宜"。

4）表示有选择，在一定条件下可以这样做的，采用"可"。

2　本指南中指定按其他有关标准、规范或其他有关规定执行时，写法为"应符合……的规定"或"应按……的规定执行"，非必须按所指定的标准、规范和其他规定执行时，写法为"可参照……"。

引用标准名录

下列文件对于本文件的应用必不可少。凡标注日期的引用文件，仅所注日期的版本适用于本文件。凡不注日期的引用文件，其最新版本（包括所有的修改单）适用于本文件。

[1]《民用直升机场飞行场地技术标准》（MH 5013）

[2]《航空无线电导航台（站）电磁环境要求》（GB 6364）

[3]《民用机场与地面航空无线电台（站）电磁环境测试规范》（MH/T 4046）

[4]《民用机场勘测规范》（MH/T 5025）

通用机场选址技术指南
第 3 部分：水上机场

Technical guidance for site selection of general aviation aerodrome—

Part 3：Water aerodrome

MH/T 5065.3—2023

主编单位：中国民用航空江苏安全监督管理局

批准部门：中国民用航空局

施行日期：2023 年 7 月 1 日

前　言

随着通用航空"放管服"改革的推进，我国通用机场迎来了快速发展新时期，各地掀起通用机场建设热潮。通用机场服务领域广泛，分类复杂，建设规模差异大，选址缺少相应规范标准，目前普遍参照运输机场的标准执行，导致有些类别通用机场选址程序复杂，建设周期长，建设要求偏高，在一定程度上制约了通用机场的发展。为促进通用航空高质量发展，推进民航治理体系和治理能力现代化，中国民用航空局制定了通用航空法规体系重构路线图，通用机场建设和运行标准是该体系的重要组成部分。为加强对通用机场选址工作的指导，中国民用航空局机场司委托中国民用航空江苏安全监督管理局编制了《通用机场选址技术指南》。该指南是通用机场建设和运行标准体系的重要组成部分，可为地方政府相关职能部门、通用机场建设者、民航设计咨询人员以及民航监察员提供技术支持、指导和帮助。

在编制过程中，编写组研究了国内外相关技术文件，实地调研了民航管理部门、战区空军、地方政府相关职能部门、民航设计院、通航运营人和通用机场等，在分析通用机场选址问题和总结相关经验的基础上，编制完成本指南。因所使用的航空器种类不同，所对应的通用机场选址要求差异较大，为此，将本指南分为"第1部分：跑道型机场""第2部分：直升机场"和"第3部分：水上机场"三个部分。

本部分适用于水上机场选址。水上机场可根据需要建设永久性设施或非永久性设施。建设永久性设施的水上机场通常列入地方政府通用机场布局规划或申请本场固定使用空域；建设非永久性设施的水上机场通常利用或改造现有岸线设施和岸上设施，或建设简易临时性设施（简易木屋、彩钢板房、集装箱板房、帐篷等），通常申请临时使用空域。结合水上机场的实际建设情况，本部分主要内容包括：总则、术语、选址基本要求、选址工作流程、机场功能定位与建设规模、现场踏勘、场址分析、航行研究、编制场址报告及附录。

本指南第1章由章亚军编写，第2章由贺雷编写，第3章由徐杰和王建国编写，第4、5和6章由章亚军和郭建忠编写，第7章由季天剑编写，第8章由孙樊荣和李海元编写，第 9 章由朱晖编写，附录 A 由孙樊荣编写，附录 B 由徐杰编写。

中国民用航空局机场司为本指南管理部门，中国民用航空江苏安全监督管理局为本指南日常管理机构。执行过程中如有意见和建议，请函告中国民用航空江苏安全监督管理局（地址：江苏省南京市雨花台区金兰路 1 号城际空间 A-1 座 15-16 楼；邮编：210000；电话：025-52651589；电子信箱：jsjcc@ caac. gov. cn），以便修订时参考。

主编单位：中国民用航空江苏安全监督管理局
主　　编：章亚军　徐　杰
参编人员：季天剑　贺　雷　孙樊荣　朱　晖　王建国　郭建忠　李海元
主　　审：张　锐　彭爱兰
参审人员：黄品立　李崇文　王继勤　石　岗　钟　斌　刘　冰　孙卫宜
　　　　　唐成涛　蔡祖之

1 总 则

1.0.1 为指导通用机场的选址工作，促进通用机场建设，制定本指南。

1.0.2 本指南适用于水上机场的选址，现有水上机场新增水上跑道或延长现有水上跑道的论证可参考本指南。

【条文说明】通用机场按照飞行场地的物理特性分为跑道型机场、直升机场和水上机场。水上机场指主体部分位于水上，全部或部分用于水上飞机起飞、着陆、滑行及停泊保障服务的区域，包含水上运行区和陆上相关建筑物与设施。

1.0.3 水上机场选址应当遵循"安全、适用、绿色、经济"的原则。

1.0.4 水上机场飞行场地指标，按拟使用机型中最长基准飞行场地长度和最大起飞全重，划分为 W1、W2、W3、W4，两者中取其较高要求的指标，见表 1.0.4。

表 1.0.4 水上机场飞行场地指标

飞行场地指标	基准飞行场地长度/m	最大起飞全重/kg
W1	<800	<2 730
W2	800~1 200（不含）	2 730~5 700（不含）
W3	1 200~1 800（不含）	≥5 700
W4	≥1 800	≥5 700

1.0.5 水上机场选址除应符合本指南外，尚应符合国家和行业现行有关标准的规定。

2 术 语

2.0.1 水上机场 water aerodrome

主体部分位于水上，全部或部分用于水上飞机起飞、着陆、滑行及停泊保障服务的区域，包含水上运行区和陆上相关建筑物与设施。

2.0.2 跑道可利用率 usability factor of runway

一条跑道或几条跑道组成的跑道系统的使用不受侧风分量限制的时间百分率。

2.0.3 飞机基准飞行场地长度 aeroplane reference field length

在批准的最大起飞质量、海平面、标准大气条件、无风和跑道坡度为零的条件下，飞机起飞所需的最小飞行场地长度。

2.0.4 障碍物 obstacle

位于供航空器地面活动的区域上，或突出于为保护飞行中的航空器而规定的限制面之上，或位于上述规定限制面之外但评定为对空中航行有危险的，固定的（无论是临时的还是永久的）和移动的物体，或是上述物体的一部分。

2.0.5 水文 hydrology

自然界中水的现象、数量、性质、时空分布及其变化规律。

2.0.6 水位 water level

海洋、江河、湖泊等水体的水面相对于某一基准面的高度。

3 选址基本要求

3.0.1 场地条件应符合下列要求：

    1 水域条件满足水上飞机安全起降、滑行、停泊需求；

    2 陆域条件满足岸线和岸上设施建设需求；

    3 符合水上机场飞行场地的相关技术要求。

【条文说明】适用于建设水上机场的水域包括江、河、湖泊、水库、海域以及其他适用水域等。水域和陆域条件主要指水面和岸上场地的空间尺寸以及周围的地形地貌等。

3.0.2 建设永久性设施的水上机场，场址还应符合下列要求：

    1 与所在地通用航空、城乡和港口码头等专项规划相协调；

    2 如有远期发展规划，应满足远期建设需求。

【条文说明】本条仅适用于建设永久性设施的水上机场，不适用于建设非永久性设施的水上机场，本指南中标注"建设永久性设施的水上机场"的条款均表达此相同意思。

    第2款中，如机场受场地、净空等条件限制，无远期规划，可按本期规模选址。

3.0.3 拟选水域与现有或规划的船舶航道、锚地、捕捞养殖区域、船舶正常运输作业和水上水下活动区域等无冲突，或有冲突但可协调解决。

3.0.4 水上跑道方位，应综合分析进近起飞航道、岸线地形、水面风特征和水流特性等影响确定。水面风特征包括盛行风、风向、风速等。水流特性包括流速、流向、浪高等。

3.0.5 为提高跑道可利用率，应尽可能设多条水上跑道，主用水上跑道方向宜与主导风向一致。建设永久性设施的水上机场，跑道条数和方位宜使拟使用飞机的跑道可利用率（包含季节性限制）不低于90%。

【条文说明】多数水上飞机机型小，抗侧风能力差，因此跑道方向宜与主导风向保持一致。水上机场的理想场址是水面开阔、任意方向均可起降的水域。

3.0.6 进近起飞航道宜位于可用水域上空，避开居民区、海滩、学校、医院等噪声敏感区域，必要时可采用曲线爬升或下降程序避开。

3.0.7 水上运行区包括水上起降区、水上滑行区、水上停泊区，应符合下列要求：

    1 满足拟使用水上飞机的最小水深要求；

    2 满足水上飞机浪高限制要求；

    3 水底障碍物和水面漂浮物对水上飞机运行安全无影响；

  4 水上起降区流速宜小于 1.5 m/s，应避免在水流交汇处、暗涌等水流条件复杂区域选址；

  5 水上停泊区应避免在水流速度超过 1.5 m/s 的区域选址。

【条文说明】水深、流速和浪高等水文参数测试可参照《水运工程水文观测规范》（JTS 132）等规范。

3.0.8 场址净空条件应满足飞机安全起降要求，尽可能避免或减少净空障碍物处理量；进近起飞航道应当与障碍物（包括运行船舶等活动障碍物）保持安全距离。

【条文说明】水上机场因建设成本低，选址时通常要求净空处理量很小或不需要处理，并将此作为评估场址是否有可行性的重要因素。

3.0.9 场址应避开各类空中禁区和危险区，宜避开各类空中限制区；场址使用空域与周边机场以及其他空域的矛盾可协调解决，运行限制可接受。

3.0.10 场址应与阵地、靶场等军事设施，核电、大型油库等重要设施，易燃易爆、产生大量烟雾以及电磁干扰等设施设备保持安全距离。

3.0.11 场址宜避开生态保护区、饮用水水源地保护区和鸟类生态保护区。

3.0.12 有建设民用航空无线电台（站）需求的机场，场址应具备建设台（站）的条件；有仪表运行需求的机场，场址应具备建立仪表飞行程序的条件。

【条文说明】作为航空飞行培训和应急救援基地的机场通常要考虑民用航空无线电台（站）和仪表运行的需求。

3.0.13 场址应具备引接道路设施的条件，宜具备供水、排水排污、供电、通信等公用设施的设置或引接条件。

4　选址工作流程

4.0.1　水上机场选址宜对意向场址开展论证。选址工作流程包括确定机场功能定位与建设规模、现场踏勘、场址分析和编制场址报告。

【条文说明】水上机场选址通常为单一场址论证，对同一水域不同位置进行比选。

4.0.2　选址工作中，水域条件研究、陆域条件研究和航行研究应统筹兼顾。

5 机场功能定位与建设规模

5.0.1 确定机场功能定位与建设规模阶段的主要工作包括需求调查，分析并确定机场功能定位、设计机型、主要航空业务量指标、跑道长度、运行方式、空域需求，以及水上运行区、岸线和岸上设施的建设规模。

5.0.2 机场功能定位和拟使用机型，宜根据主要服务对象和拟开展的业务确定。

【条文说明】通用机场开展的业务种类主要包括交通运输、社会公共服务、通用航空消费、航空飞行培训和工农林生产作业等。

5.0.3 设计机型和飞行场地指标应根据拟使用机型确定。

【条文说明】设计机型一般选择对飞行场地要求最高的机型。

5.0.4 航空业务量预测，宜符合下列要求：

1 航空业务量预测指标，宜包括年/月/日起降架次、高峰小时起降架次、最大停泊飞机数量等。

2 建设永久性设施的水上机场，近期预测年限宜不小于 5 年且不大于 10 年，远期预测年限宜不小于 10 年且不大于 30 年。起算年为机场预计建成投用的年份。

3 航空业务量预测方法，可结合自身功能定位选择如下方法：市场分析法、类比法、综合分析判断法、趋势外推法、计量经济模型法、人均航空出行分析法及专家调查法等。

【条文说明】第 3 款中，开展运输业务的机场，可采用趋势外推法、计量经济模型法、市场分析法、类比法预测年客货吞吐量，并确定客货设施规模；航空飞行培训的机场，可采用市场分析法预测航空飞行培训类业务的飞行时间和起降架次；通用航空消费、工农林生产作业、社会公共服务的机场，可采用类比法、综合分析判断法，通过参照类似通用机场，结合当地社会经济发展状况，预测起降架次和停场航空器数量等指标。

5.0.5 水上运行区建设规模的确定，宜符合下列要求：

1 调查当地海拔高度和基准温度。根据拟使用机型飞机性能，确定水上跑道长度及水上起降区规模。

2 根据岸线设施位置和运行需要，确定水上滑行道和掉头区规模。

3 根据预测停泊飞机机型和数量，确定码头、锚泊区建设规模。无水上停泊需求，可不建设锚泊区。

5.0.6 岸线设施和岸上设施的建设内容及规模，宜根据机场功能定位、用户需求、设计机型和预测的航空业务量等确定。

【条文说明】 岸线设施可包括码头、联系桥、斜坡道、简易泊位、加油设施和候机设施等，加油设施和候机设施也可以设在岸上；水上飞机无岸上停靠需求，可不建设斜坡道。岸上设施可包括滑行道、停机坪、塔台、机库及维修设施、升降设备、船排、供油设施、候机设施和货运设施等。

5.0.7 候机设施和货运设施的规模，可根据拟运行航线的客运量、货运量确定。

5.0.8 水上机场的运行方式可根据机场功能定位确定，通常采用目视飞行程序，下列情况宜考虑建立仪表飞行程序：

    1 有仪表飞行培训需求的机场；

    2 净空复杂的机场。

5.0.9 本场使用空域需求可根据机场功能定位、建设规模、拟使用机型和运行方式确定。水上机场本场使用空域范围宜不小于半径 5 km、真高 300 m。

5.0.10 近期、远期（如有）机场平面布置方案图可根据机场需求分析确定的建设规模绘制，初步确定机场平面布置以及拟使用水域面积和陆域用地规模。

6 现场踏勘

6.0.1 现场踏勘的主要工作包括实地踏勘场址、调查搜集场址相关资料和评估场址的可行性。

6.0.2 调查拟使用水域面积、形状以及水深、流速、水位变化（潮汐）、水底障碍物、水面漂浮物等情况。水域条件的技术可行性宜根据水域空间条件、水文条件进行评估。

【条文说明】水深可以通过收集水下地形图或实测水上运行区水深获得。局部水深不满足要求的水域，需考虑水底清淤工程量。

6.0.3 调查分析船舶航道和船舶运行现状及规划情况。水上运行区方案应征询水域和船舶相关管理部门的意见。

【条文说明】水上运行区方案一般包括水上飞机与船舶共用水域方案和水上飞机单独使用水域方案两种情况。水域按照所处的位置，其管辖权限分属于不同的管理部门。

6.0.4 勘察岸线和岸上设施建设场地。场地条件的可行性应结合相关管理部门意见进行评估。拟建岸线设施的可行性通常征询港口、码头建设管理部门的意见；岸上设施的可行性通常征询当地国土、规划管理部门的意见。

6.0.5 调查场址净空现状，包括自然山体、树木和人工障碍物。净空条件的可行性宜根据净空影响程度和处理难度评估。人工障碍物主要包括房屋、输电线路、烟囱、桥梁、风电风机、电视塔、通信塔、高层建筑、活动船只和浮标等。

6.0.6 调查场址主导风向。跑道方位宜结合主导风向进行优化。

6.0.7 调查场址周边学校、医院和居民区等噪声敏感区域。跑道位置和方向宜根据飞机噪声影响范围进行优化。

6.0.8 调查场址周围鸟类保护区、海洋特别保护区和水源保护区等自然生态保护区分布情况。环境条件的可行性宜考虑机场对周边自然生态保护区的影响。

6.0.9 场址的可行性宜结合现场踏勘情况，综合分析水域、陆域场地、气象、净空、空域、环境和投资等因素确定。

7 场址分析

7.0.1 场址分析阶段的主要任务为论证说明场址技术和经济可行性。

7.0.2 场址分析阶段宜收集下列资料：

——包含水上运行区在内的海图资料以及相关的（船舶）航行通告；

——包含水上机场在内的地形图；

——需要避开的人工障碍物和活动障碍物（如船舶）资料；

——水文资料；

——近 5 年气象资料。

【条文说明】水文资料主要包括水深、潮汐水位、浪高、流速等。昼间运行或季节性运行的水上机场，仅需收集相应时间段的气象资料。

7.0.3 建设永久性设施的水上机场，场址分析阶段还宜收集下列资料：

——场址区域国土空间规划、港口码头规划、航道规划；

——周边机场资料；

——需要避开的军事设施和其他重要设施；

——电磁环境测试报告；

——工程地质勘察资料；

——潮汐水位、丰水期和枯水期水位。

【条文说明】工程地质勘察资料宜按《民用机场勘测规范》（MH/T 5025）规定收集。

7.0.4 场址分析内容，宜包括地理位置、水域条件、场地条件、净空条件、空域条件、气象条件、环境条件、供油条件、交通条件、公用设施条件、水域和土地使用情况、征迁或改建情况和主要建筑材料来源情况等。

7.0.5 地理位置分析，宜包括下列内容：

1 说明机场基准点坐标、跑道标高、水上跑道条数和方位；

2 场址与主要服务对象、城镇的位置关系，分析其直线距离和地面交通里程；

3 建设永久性设施的水上机场，宜分析与水域、国土空间规划、码头和港口等专项规划的符合度。

7.0.6 水域条件分析，宜包括下列内容：

1 分析可用水域空间尺寸是否满足水上运行区需求。

2 分析水上起降区与现有船舶航道的相互影响。

3 水深分析。调查丰水期和枯水期水深，分析潮汐、丰水期和枯水期水深对水上飞机运行的影响。局部水域水深不满足要求时，应实测水底地形，计算清淤工程量。

4 涌浪分析。拟选水域位于海洋和大型湖泊，应调查涌浪波高波长，并评估其是否满足水上飞机运行要求。

5 水流分析。调查水上运行区的水流情况，评估流速流向是否满足要求。分析风力和水流的合力对水上飞机安全停泊产生的影响。

7.0.7 场地条件分析，宜包括下列内容：

1 分析陆域场地的地形地貌和空间范围，确定场地是否满足岸线和岸上设施近、远期（如有）建设用地需求；

2 建设永久性设施的水上机场，宜分析陆域场地的工程地质和水文地质资料，评估机坪、机库、候机设施、货运设施等建设的可行性。

7.0.8 净空条件分析，宜包括下列内容：

1 结合场址周围障碍物情况和净空限制要求，复核并优化水上跑道位置和方向。

2 按照飞行场地指标和机场运行方式，在地形图上绘制障碍物限制面图，分析障碍物是否突破障碍物限制面。

3 分析场址附近水域内活动障碍物如大型船舶高度（特别是空载情况下）是否突破障碍物限制面。如存在活动障碍物突破障碍物限制面，应通过调整水上跑道与航道的相对位置，或开展航行研究提出避让可行性。

4 通过航行研究提出对超高障碍物的处理建议。宜保证跑道两端和一侧净空环境良好，障碍物限制面的过渡面和进近面第一段内不应有超高障碍物，如存在大量超高障碍物且处理困难，宜考虑重新选址。

【条文说明】如设航行研究专篇，在此阶段简要描述航行研究成果；如不设航行研究专篇，在此阶段详细分析论证。障碍物限制面图依据水上机场飞行场地相关技术要求绘制。

7.0.9 空域条件分析，宜包括下列内容：

1 分析本场空域使用需求，提出拟申请的本场使用空域范围。建设永久性设施的水上机场，宜提出进离场飞行程序。

2 建设永久性设施的水上机场，宜调查场址周围半径 100 km 范围内的空域情况。

3 分析本场拟使用空域与邻近机场和航线的运行影响。

4 建设永久性设施的水上机场，如空域矛盾突出，需分析协调解决空域矛盾的可行性，提出建议的解决方案；如需限制运行，还应评估限制运行条件下，机场利用率是否满足运行需求以及机场建设的必要性。

5 结合空域管理部门意见，分析场址申请本场使用空域的可行性。

【条文说明】如设航行研究专篇，在此阶段简要描述航行研究成果；如不设航行研究专篇，在此阶段详细分析论证。第3款中，本场拟使用空域与邻近机场的运行影响分析，包括本场使用空域与邻近军用机场邻接空域是否重叠，与邻近民用机场飞行程序相互间的垂直间隔和水平间隔是否满足规章要求等。

7.0.10 气象条件分析，宜包括下列内容：

1　场址附近有气象台时，根据气象台至场址的距离和海拔高差，分析气象资料相关性；统计与飞行相关的气象要素（见附录A）；根据气象资料，绘制场址风力负荷图，计算机场利用率；

2　场址附近无气象台时或因场址地形复杂，气象资料无代表性时，可现场调研主导风向，评估起降方向和主导风向的关系；

3　建设永久性设施的水上机场，在拟选场址确定后应设置临时气象观测站复核气象资料；

4　根据气象资料，综合分析机场可运行天数，评估影响程度。

7.0.11 环境条件分析，宜包括下列内容：

1　分析进离场航线对医院、学校和居民区等噪声敏感区域的影响；

2　分析场址对周边生态、水土和大气环境的影响；

3　分析群鸟活动、水体动植物与飞行安全的相互影响；

4　说明场址周边易燃易爆和产生烟雾等设施的分布情况，分析其对飞行安全的影响；

5　分析说明电磁环境状况。

7.0.12 建设永久性设施的水上机场，宜补充分析下列内容：

1　供油条件分析，说明航油需求预测量和航油供应方案；

2　交通条件分析，说明周边道路情况，初步确定进场路引接方案及投资；

3　公用设施条件分析，说明场址周边供水、供电、供气、通信、污水处理等公用设施状况，初步确定引接方案及投资；

4　拟用水域和土地使用情况分析，说明拟用水域和土地性质以及所有权情况，说明与水域和土地使用相关政策的符合性；

5　征迁或改建情况分析，宜说明场址范围内的征迁数量，初步估算征迁补偿和改建费用。

8 航行研究

8.0.1 航行研究的主要工作包括净空条件分析和空域条件分析，可根据需要开展飞机性能分析和飞行程序设计。

【条文说明】航行研究内容可包含在场址净空条件和空域条件分析中，也可单独成章或成册。

8.0.2 净空条件分析按 7.0.8 条执行。

8.0.3 空域条件分析按 7.0.9 条执行。

8.0.4 飞机性能分析，宜根据飞机性能手册开展，对机型使用速度、最大起飞重量、上升/下降率、起飞/着陆距离等进行分析。拟开展短途运输业务的机场宜论证跑道长度、航线业载等。

8.0.5 建设永久性设施的水上机场，宜根据机场功能定位、运行方式、拟使用机型，设计目视飞行程序或仪表飞行程序。

【条文说明】水上机场通常采用昼间目视（非仪表）运行方式；针对多家航空公司同场运行的通用机场，设计目视飞行程序或仪表飞行程序，可提高机场运行容量和利用率。

9 编制场址报告

9.0.1 场址报告内容见表9.0.1。

表 9.0.1 场址报告内容

层级号	内容
1	选址工作概述
2	机场建设目的和必要性（适用于建设永久性设施的水上机场）
3	机场功能定位与建设规模
3.1	机场功能定位
3.2	拟使用机型和飞行场地指标
3.3	空域需求
3.4	航空业务量预测
3.5	规划建设内容
3.6	平面布局方案
4	场址分析
4.1	场址基本情况
4.1.1	地理位置
4.1.2	水上跑道基本参数
4.1.3	与相关规划的符合性（适用于建设永久性设施的水上机场）
4.2	技术分析
4.2.1	水域条件
4.2.2	场地条件
4.2.3	净空条件
4.2.4	空域条件
4.2.5	气象条件
4.2.6	环境条件
4.2.7	供油条件（适用于建设永久性设施的水上机场）
4.2.8	交通条件（适用于建设永久性设施的水上机场）
4.2.9	公用设施条件（适用于建设永久性设施的水上机场）
4.2.10	水域和土地使用情况

续表

层级号	内容
4.2.11	征迁或改建情况（适用于建设永久性设施的水上机场）
5	航行研究（适用于建设永久性设施的水上机场）
5.1	净空条件
5.2	空域条件
5.3	飞机性能分析
5.4	飞行程序设计
6	工程投资匡算
7	结论和建议
8	附件
8.1	水文资料
8.2	电磁环境测试报告
8.3	水上机场航空资料表（选址阶段）（参见附录 B）
9	附图
9.1	场址位置图
9.2	邻近机场关系图
9.3	场址净空障碍物限制面图（障碍物一览表）
9.4	机场总平面图［近期、远期（如有）］
9.5	本场使用空域和进离场航线图（适用于建设永久性设施的水上机场）
9.6	飞行程序设计方案图（如有）

注：如开展飞机性能分析和飞行程序设计，应包含航行研究章节，也可单独成册；结论一般需列出限制机场运行的不利因素。

附录 A   气象资料统计用表

（资料性附录）

A.1   地方气候统计总表

表 A.1   地方气候统计总表

要素名称		累年要素值												累年年平均
		1月	2月	3月	4月	5月	6月	7月	8月	9月	10月	11月	12月	
平均风速/m/s															
气温/℃	平均气温														
	日最高平均														
	日最低平均														
	极端最高														
	极端最低														
能见度/天	≤1 500 m														
	≤5 000 m														
雷暴、沙尘暴、雾霾、冰雹大风等恶劣天气/天															
资料年限		年~ 年（共 年）													
填表时间		年 月													
观测位置		经纬度： 海拔高度：													
观测方式		人工 自动													

A.2 平均风向风速统计表

表 A.2 平均风向风速统计表

平均风速 V/m/s	北	北东北	东北	东东北	东	东东南	东南	南东南	南	南西南	西南	西西南	西	西西北	西北	北西北	小计
静风																	
$0.5 \leqslant V \leqslant 3$																	
$3 < V \leqslant 5$																	
$5 < V \leqslant 7$																	
$7 < V \leqslant 10$																	
$10 < V \leqslant 13$																	
$13 < V \leqslant 17$																	
$V > 17$																	
合计																	

观测站名称			资料年限	年~ 年（共 年）
观测站位置	东经：		填表时间	年 月
	北纬：			
	海拔：			

附录 B 水上机场航空资料表（选址阶段）

机场基本数据				
机场类别	□A1	□A2	□B	
设计机型				
飞行场地指标		跑道类别	□非仪表跑道	□仪表跑道：
机场基准点	位置： 地理坐标：经度　　　　纬度 （WGS-84 坐标）		磁差	
跑道标高			基准温度/℃	
水文条件	（潮差、流速、流向、水底条件等）			
飞行场地设施				
水上起降区	（构型、尺寸、边界坐标）			
水上跑道	跑道编号：　　　　　　磁方位： 跑道长度：　　　　　　跑道宽度： （跑道入口中点和跑道中心点地理坐标）			
	跑道编号：　　　　　　磁方位： 跑道长度：　　　　　　跑道宽度： （跑道入口中点和跑道中心点地理坐标）			
掉头区	（位置、直径）			
重要障碍物	（障碍物名称、地理坐标、顶端标高、标识和障碍灯设置情况）			
水上滑行道	（数量和编号）			
码头泊位	（泊位数量和适用机型）			
锚泊区	□无　□有（泊位数量和适用机型）			
岸上停机坪	□无　□有（停机位数量和适用机型）			
斜坡道	（斜坡道宽度、坡度、材质和适用机型）			

续表

目视助航设施	（助航灯光、标志和标志物等）
机场拟提供的服务	
管制服务	□不提供　　□提供
气象服务	□不提供　　□提供
情报服务	□不提供　　□提供
航油服务	□不提供　　□提供
其他服务	
备　注	

标准用词说明

1 为便于在执行本指南条文时区别对待，对要求严格程度不同的用词，说明如下：

1）表示很严格，非这样做不可的用词：

正面词采用"必须"，反面词采用"严禁"。

2）表示严格，在正常情况下均应这样做的用词：

正面词采用"应"，反面词采用"不应"或"不得"。

3）表示允许稍有选择，在条件许可时首先应这样做的用词：

正面词采用"宜"，反面词采用"不宜"。

4）表示有选择，在一定条件下可以这样做的，采用"可"。

2 本指南中指定按其他有关标准、规范或其他有关规定执行时，写法为"应符合……的规定"或"应按……的规定执行"，非必须按所指定的标准、规范和其他规定执行时，写法为"可参照……"。

引用标准名录

下列文件对于本文件的应用必不可少。凡标注日期的引用文件，仅所注日期的版本适用于本文件。凡不注日期的引用文件，其最新版本（包括所有的修改单）适用于本文件。

[1]《水运工程水文观测规范》（JTS 132）

[2]《民用机场勘测规范》（MH/T 5025）

民用机场建设工程行业标准出版一览表

序号	编号	书名（书号）	定价（元）
1	MH 5001—2021	民用机场飞行区技术标准（1580110·411）	98.00
2	MH/T 5002—2020	运输机场总体规划规范（0804）	60.00
3	MH/T 5003—2016	民用运输机场航站楼离港系统工程设计规范（0409）	20.00
4	MH/T 5005—2021	民用机场飞行区排水工程施工技术规范（1580110·405）	55.00
5	MH 5006—2015	民用机场水泥混凝土面层施工技术规范（0265）	45.00
6	MH 5007—2017	民用机场飞行区场道工程质量检验评定标准（0474）	55.00
7	MH 5008—2017	民用运输机场供油工程设计规范（0424）	60.00
8	MH/T 5009—2016	民用运输机场航站楼楼宇自控系统工程设计规范（0386）	20.00
9	MH/T 5010—2017	民用机场沥青道面设计规范（0500）	55.00
10	MH/T 5011—2019	民用机场沥青道面施工技术规范（0703）	55.00
11	MH/T 5012—2022	民用机场目视助航设施施工质量验收规范（1044）	45.00
12	MH/T 5015—2016	民用运输机场航班信息显示系统工程设计规范（0385）	20.00
13	MH/T 5017—2017	民用运输机场航站楼安防监控系统工程设计规范（0510）	30.00
14	MH/T 5018—2016	民用运输机场信息集成系统工程设计规范（0387）	20.00
15	MH/T 5019—2016	民用运输机场航站楼时钟系统工程设计规范（0408）	10.00
16	MH/T 5020—2016	民用运输机场航站楼公共广播系统工程设计规范（0411）	20.00
17	MH/T 5021—2016	民用运输机场航站楼综合布线系统工程设计规范（0410）	20.00
18	MH/T 5024—2019	民用机场道面评价管理技术规范（0662）	59.00
19	MH/T 5027—2013	民用机场岩土工程设计规范（0145）	68.00
20	MH 5028—2014	民航专业工程工程量清单计价规范（0218）	98.00
21	MH 5029—2014	小型民用运输机场供油工程设计规范（0233）	25.00
22	MH/T 5030—2014	通用航空供油工程建设规范（0204）	20.00
23	MH 5031—2015	民航专业工程施工监理规范（0242）	48.00

序号	编号	书名（书号）	定价（元）
24	MH/T 5032—2015	民用运输机场航班信息显示系统检测规范（0266）	20.00
25	MH/T 5033—2017	绿色航站楼标准（0430）	30.00
26	MH 5034—2017	民用运输机场供油工程施工及验收规范（0435）	70.00
27	MH/T 5035—2017	民用机场高填方工程技术规范（0429）	50.00
28	MH/T 5036—2017	民用机场排水设计规范（0486）	40.00
29	MH/T 5037—2019	民用运输机场选址规范（0643）	35.00
30	MH/T 5038—2019	民用运输机场公共广播系统检测规范（0669）	35.00
31	MH/T 5039—2019	民用运输机场信息集成系统检测规范（0671）	35.00
32	MH/T 5040—2019	民用运输机场时钟系统检测规范（0670）	22.00
33	MH/T 5041—2019	机场环氧沥青道面设计与施工技术规范（0727）	28.00
34	MH/T 5042—2020	民用运输机场建筑信息模型应用统一标准（0755）	35.00
35	MH/T 5043—2019	民用机场智慧能源管理系统建设指南（0779）	56.00
36	MH/T 5044—2020	民航工程建设行业标准体系（0784）	20.00
37	MH/T 5045—2020	民航工程建设行业标准编写规范（1580110·398）	20.00
38	MH/T 5046—2020	民用机场工程建设与运营筹备总进度综合管控指南（0867）	50.00
39	MH/T 5047—2020	民用机场旅客航站区无障碍设施设备配置技术标准（0883）	20.00
40	MH/T 5049—2020	四型机场建设导则（1580110·407）	20.00
41	MH/T 5050—2021	民用运输机场水泥混凝土道面沥青隔离层技术指南（1580110·402）	20.00
42	MH/T 5052—2021	机场数据规范与交互技术指南（0985）	58.00
43	MH/T 5053—2021	机场数据基础设施技术指南（1000）	20.00
44	MH/T 5054—2021	智慧民航数据治理规范 框架与管理机制（1580110·417）	19.00
45	MH/T 5055—2021	智慧民航数据治理规范 数据架构（1580110·419）	19.00
46	MH/T 5056—2021	智慧民航数据治理规范 数据质量（1580110·415）	19.00

序号	编号	书名（书号）	定价（元）
47	MH/T 5057—2021	智慧民航数据治理规范 数据安全（1580110·418）	19.00
48	MH/T 5058—2021	智慧民航数据治理规范 数据服务（1580110·416）	19.00
49	MH/T 5059—2021	民用机场公共信息标识系统设置规范（1072）	50.00
50	MH/T 5060—2022	民用机场填海工程技术规范（1096）	55.00
51	MH/T 5061—2022	运输机场专业工程施工组织设计规范（1100）	30.00
52	MH/T 5062—2022	民用机场净空障碍物遮蔽原则应用指南（1133）	28.00
53	MH/T 5063—2023	民用机场飞机荷载桥梁设计指南（1580110·425）	26.00
54	MH/T 5064—2023	飞机地锚设计与维护技术指南（1132）	38.00
55	MH/T 5065—2023	通用机场选址技术指南（1235）	58.00
56	MH/T 5066—2023	智慧民航数据治理规范 数据共享（1213）	28.00
57	MH/T 5067—2023	智慧民航数据治理规范 数据治理技术（1214）	28.00
58	MH/T 5069—2023	绿色机场评价导则（1231）	48.00
59	MH/T 5111—2015	特性材料拦阻系统（1580110·354）	50.00